Brigitte Rauth-Widmann

Welpen

Mit dem Hund durch das erste Jahr

Oertel+Spörer

Bildnachweis
Titelbild: Charlotte Widmann
Fotos S. 40, 103, 105, 106, 108, 115, 120: Gabriele Lehari
Alle anderen Fotos: Charlotte Widmann

Haftungsausschluss

Bibliografische Information der Deutschen Nationalbibliothek

Die Deutsche Nationalbibliothek verzeichnet diese Publikation in der Deutschen Nationalbibliografie; detaillierte bibliografische Daten sind im Internet über http://dnb.d-nb.de abrufbar.

© Oertel+Spörer Verlags-GmbH+Co.KG · 2010
Postfach 16 42 · 72706 Reutlingen
Alle Rechte vorbehalten
Schrift: 9/11 p Stone Sans
Lektorat: Dr. Gabriele Lehari
Umschlag, DTP und Repro: Uhl+Massopust, Aalen
Druck und Bindung: Oertel+Spörer Druck und Medien-GmbH+Co., Riederich
Printed in Germany
ISBN 978-3-88627-820-6

Inhalt

Ein Welpe soll es sein

Schlafentzug, blassgelbe Pfützen auf dem Wohnzimmerboden, ausgebuddelte Blumenkübel, besabberte Glastüren, angeknabberte Pantoffeln, Hundehaare auf dem „Kleinen Schwarzen": Sie sind sich wirklich sicher mit Ihrem Entschluss? Sie sind sich tatsächlich im Klaren darüber, dass Ihr Leben von einem Tag auf den anderen einen komplett neuen Verlauf bekommt? Und Sie nehmen sicher auch ohne Weiteres hin, dass dieses niedliche, allerliebst dreinschauende Wesen mit seinem drolligen Stupsnäschen und den tapsigen Bewegungen noch manch andere Nebenwirkung mit sich bringt, die Ihnen neben viel Humor eine ordentliche Portion an Weitsicht, Rücksichtnahme und Selbstdisziplin abverlangt – auch später, wenn es seinen Welpenpfötchen entwachsen ist?

Nun, dann kann ich nichts anderes für Sie tun, als Ihnen meine gelebten Erfahrungen weiterzugeben und Ihnen sagen: Ihre Entscheidung ist goldrichtig!

Dieses kleine Geschöpf wird einem unvergessliche Stunden bereiten, es wird aber auch eine ganze Menge an Einfühlungsvermögen und manchen Verzicht abverlangen.

Bereit für den vierbeinigen Familienzuwachs?

Ob Sie bereit sind für einen kleinen Welpen als neues Familienmitglied, können Sie leicht selbst feststellen, und zwar wenn Sie alle nachfolgenden Fragen mit „Ja" beantworten können.

- Passt ein Hund zu mir und meinem Lebenswandel?
- Habe ich genügend Zeit und Hundeverständnis?
- Bin ich bereit, mich fortwährend über Hundethemen zu informieren (Erziehung, Ernährung, Gesundheit und so weiter)?
- Habe ich ausreichend Platz – im Haus und gegebenenfalls im Garten?

- Sind alle Familienmitglieder einer Meinung in Sachen Hund und Hundeerziehung?
- Sind die Kinder reif genug für den Umgang mit einem Hund?
- Hat niemand in der Familie eine Hundehaarallergie, die zu Problemen führen könnte?
- Muss der Vierbeiner nicht lange allein bleiben zum Beispiel wegen Berufstätigkeit oder meiner Freizeitgestaltung?
- Darf er mit in die Ferien?
- Habe ich eine Person, die ihn während längerer Abwesenheit, wie etwa einem Krankenhausaufenthalt, betreuen kann?
- Kann ich den Hund bis an sein Lebensende auslasten und rassegerecht beschäftigen?
- Kann ich ihm genügend Kontakte zu anderen Hunden ermöglichen?
- Reichen die Finanzen für seine lebenslange Versorgung, auch im Krankheitsfall?

Entscheidungshilfe bei der Auswahl

Sie haben sich in eine bestimmte Rasse verliebt? Bevor Sie sich aber endgültig entscheiden, sollten Sie sich genau darüber informieren, mit was Sie bei Ihrem Traum-Vierbeiner rechnen müssen und welche typischen Eigenschaften er hat. Denn obwohl jeder Hund als Persönlichkeit seinen eigenen Charakter und seine individuellen Wesens- und Verhaltensmerkmale an den Tag legt, gibt es doch gewisse Rassen, die sich deutlich voneinander unterscheiden, zum Beispiel weil sie als Gebrauchshunde auf spezifische Eigenschaften hin gezüchtet wurden.

Verschiedene Rassen – verschiedene Charaktere

So hat ein Jagdhund wie der Magyar Vizsla einen wesentlich ausgeprägteren Jagdtrieb als etwa ein Lagotto Romagnolo oder Cavalier King Charles Spaniel. Wegen seines auffälligen Kontakthalte-Verhaltens lässt er sich aber wiederum erheblich besser steuern als verschiedene Terrierrassen, als ein Beagle oder ein Basenji mit ihren äußerst selbstbestimmten Arbeitsweisen. Man nennt diese Hunde nicht umsonst „Jagdhunde ohne Führereinfluss" im Vergleich zu denen „unter Führereinfluss" wie Vorstehhunde, Retriever, Setter oder Bracken, um nur einige zu nennen.

Solche pfiffigen Jagdhelfer ohne Leine frei im Gelände herumtollen zu lassen, erfordert ein deutliches Mehr an Aufmerksamkeit und Erziehungsarbeit. Dennoch ist deren Freiheitsbestreben keineswegs mit dem vieler Windhundrassen zu vergleichen, die zum ausdauernden Laufen geboren sind. Diesen superschnellen Sichtjägern Gehorsam abzuverlangen, bedarf – neben immenser Geduld und viel Geschick – eines äußerst zielgerichteten Trainings.

Wieder anders ist es bei Border Collies, Kelpies oder Australian Shepherds mit ihrem für Hütehunde fast schon legendären Lern-, Arbeits- und Bewegungseifer, den sie gewöhnlich in freudiger Kommunikation mit ihren zweibeinigen Begleitern zur Schau tragen – vorausgesetzt, diese bemühen sich, tagein und tagaus redlich um ihre arbeitswütigen Vierbeiner. Denn chronisch unterbeschäftigt werden auch diese unterordnungsbereiten Hunde rasch zu Nervensägen und nicht selten zu ernst zu nehmenden Problemfällen.

Kleinhunde hinsichtlich des benötigten Bewegungsspektrums zufriedenzustellen, erfordert dagegen nicht so viel Einsatz und ist auch von weniger sportlichen Menschen leicht zu bewerkstelligen. Doch wie steht es mit ihren mentalen Ansprüchen? Oft wird unterschätzt, welche Energien in den Dreikäsehochs stecken, womit Schwierigkeiten im Alltag nicht lange auf sich warten lassen. Nichtsdestotrotz sind diese sogenannten kleinen Gesellschaftshunde mit relativ geringem Engagement zu angenehmen Begleitern zu erziehen. Auch Ersthundehalter scheitern hier kaum.

Kleine Gesellschaftshunde wie dieser Cavalier King Charles Spaniel sind im Haus ruhige Kumpane. Draußen zeigen sie jedoch meist schon im Welpenalter, wie viel Temperament und Energie in ihnen steckt.

Die meisten anderen Hunderassen verlangen ein stärkeres Durchsetzungsvermögen und mehr Konsequenz, damit der Erfolg sich einstellt. Denn was bedeutet beispielsweise „kinderlieb", „intelligent" und „der ideale Familienhund"? Kein Hund zeigt diese hoch geschätzten Attribute von Natur aus. Sicher kann man einzelnen Rassevertretern solche Wesens- und Charakterzüge schneller entlocken als anderen, mit gezieltem aktivem Einsatz muss sich aber jeder Halter darum bemühen.

Und was heißt schon „stur" oder „schwer erziehbar"? Mag man beispielsweise bei einem Akita Inu oder einem Chow-Chow längere Zeit benötigen, bis ein vorgegebenes Lernziel erreicht ist, als etwa bei einem Pudel oder Labrador Retriever, so bedeutet dies aber längst nicht, dass **9**

Die zierlichen Chihuahuas (hier im Langhaarkleid) beweisen sich als überraschend ausdauernde kleine Kraftpakete – wenn man sie lässt.

es aussichtslos wäre. Man muss sich lediglich mehr Zeit lassen und sich eher Gedanken machen, wie man seinen Vierbeiner dazu motivieren kann, das Pensum zu bewältigen.

Weit mehr als nur gutes Einfühlungsvermögen erfordert hingegen die Haltung etlicher Treib-, Hof-, Bauern- und Hirtenhunde. Hierzu gehören beispielsweise Schweizer Sennenhunde, Rottweiler, Australian Cattle Dog, Schwarzer Terrier, Beauceron, Komondor, Slovenský Cuvac, Kuvasz und so weiter. Auch wenn das knuddelige Welpen-Bärchen noch so entzückend ist – diese Rassen sind wirklich nur etwas für erfahrene Hundekenner, denn insbesondere deren soziale Verträglichkeit ist alles andere als selbstverständlich.

Trotzdem sollte nicht unbeachtet bleiben, dass auch der Umgang mit all jenen Rassen, die im Einsatz als Schutzhunde ihr Talent beweisen, etwa Belgische, Holländische oder Deutsche Schäferhunde sowie Hovawarte oder Riesenschnauzer, sehr viel Fingerspitzengefühl und Vorausblick erfordert, damit ein Team entsteht, bei dem sich beide Partner stets uneingeschränkt aufeinander verlassen können – ein Leben lang.

Wichtig!
Sollten Sie allein aufgrund des äußeren Erscheinungsbildes mit einer bestimmten Hunderasse geliebäugelt haben, informieren Sie sich spätestens jetzt gründlich über deren Verhaltensweisen und Bedürfnisse.

Einem Jagdhund liegt das Jagen im Blut, einem Apportierhund das Apportieren, einem Hütehund das Hüten: Das müssen Sie akzeptieren und sich rechtzeitig um sinnvolle Alternativen bemühen, mit denen Sie Ihrem Familienzuwachs entsprechende (Ersatz-)Beschäftigung bieten können.

Erkundigen Sie sich bei Züchtern, Haltern und Liebhabern darüber, was es als Besitzer zu leisten gilt, um einem Hund der favorisierten Rasse allzeit gerecht zu werden. Denn nur wenn Sie Bescheid wissen, können Sie entsprechend handeln und Ihren neuen Hausgenossen rassegerecht auslasten und versorgen und schließlich eine harmonische Beziehung herstellen, die auf Dauer Bestand hat.

Das Fell als Kriterium

Pudel (und viele Pudelmischlinge) sowie verschiedene Wasserhunde oder Rassen wie der Lagotto Romagnolo haaren nicht. Sie brauchen jedoch eine regelmäßige Schur, damit das Fell ansehnlich und die Haarstruktur erhalten bleibt. Für Allergiker sind sie besser geeignet als andere Rassen, die zweimal jährlich in den Haarwechsel kommen.

Drahthaarrassen gilt es, alle paar Monate zu trimmen, was recht aufwendig sein kann, wenn dies mittels Handzupfen vonstatten geht.

Kurzhaarige Hunde ohne Unterwolle sind meist witterungsempfindlicher als ihre stockhaarigen Artgenossen mit dichtem, isolierendem Unterhaar. Hunde mit kurzem Fell haaren zwar weniger als solche mit langem Haarkleid, ihre Haare haften aber äußerst hartnäckig auf allen Textilien. Doch auch die Unterwolle verteilt sich großräumig, wenn sie zweimal im Jahr (verstärkt im Frühjahr) ausfällt und als Flaum durchs Zimmer wirbelt.

Hunde mit langem oder sehr langem Haarkleid benötigen meist deutlich mehr Pflege als kurzhaarige Rassen und bringen viel Schmutz ins Haus. Auch im Winter erfordern sie größeren Pflegeaufwand, damit Schnee an ihrer Haarpracht nicht zu unförmigen Eisklumpen gefriert.

Größe, Fellbeschaffenheit, Bellfreudigkeit, Bewegungsfreude: Der Hund muss unbedingt zu Ihren Lebensumständen passen, damit sie beide allzeit harmonieren. Diese beiden Neufundländer haben sichtlich Spaß an dem Ausflug in den Schnee.

Den passenden Welpen finden

Haben Sie Ihre Rassewahl getroffen, heißt es, auf den richtigen Hund zu kommen. Der sicherste Weg dazu führt über die Dachverbände wie dem VDH (Deutschland), dem ÖKV (Österreich) und dem SKG (Schweiz). Die Kontaktdaten finden Sie im Anhang. Dort erhalten Sie neben Adressen von Züchtern in Ihrer Nähe eine breite Palette von Terminen von Zuchtschauen oder Arbeitsveranstaltungen, auf denen Sie Hunde Ihrer Lieblingsrasse in allen Altersgruppen und bei verschiedenen Beschäftigungsarten beobachten und sich ein endgültiges Bild machen können.

Auch von Rasseklubs, Tierärzten oder Tierheilpraktikern und einzelnen Hundeschulen bekommen Sie Adressen und Informationsmaterial, ebenso im Internet. Achten Sie bei Letzterem vor allem darauf, welchem Dachverband die jeweiligen Zuchtstätten angeschlossen sind und bewerten Sie diese sehr kritisch.

Besondere Vorsicht ist geboten, wenn Sie Anzeigen in Tageszeitungen und Anzeigenblättern nach Welpenangeboten durchforsten. Leider stehen hinter wohlklingenden „Zwingernamen" nicht selten verantwortungslose Hundevermehrer, deren Hauptaugenmerk nicht auf dem Wohlergehen ihrer Zuchttiere und Welpen liegt. Auch auf Tiermärkten oder etwa Autobahnraststätten im grenznahen östlichen Ausland werden Hundekinder

Der Mangel an Kontakt zu Artgenossen und Menschen ruft soziale Defizite hervor. Dadurch können sich Welpen zu ängstlichen oder gar aggressiven Erwachsenen entwickeln.

feilgeboten. Nehmen Sie dort besser Abstand vom Kauf, denn meist sind die Welpen weder tiermedizinisch versorgt noch haben sie eine adäquate Prägung und Sozialisation erfahren. Beides kann in der Folge Kummer, wenn nicht sogar erhebliches Leid verursachen – bei dem bedauernswerten Vierbeiner ebenso wie bei Ihnen, Ihrer Familie und Ihrem gesamten Umfeld.

> **Vorsicht!**
> Kaufen Sie niemals aus Mitleid! So krass es klingt: Sie helfen damit nicht, sondern schaden. Denn Sie unterstützen dadurch die Praktiken der Hundevermehrer und fördern deren unlauteren Machenschaften.

Ob die Welpen tatsächlich reinrassig sind, ist bei „Billigangeboten" in der Regel auch nicht auszumachen, denn zertifizierte Ahnentafeln existieren nicht. Solche von anerkannten Dachverbänden ausgestellten Papiere sind zwar nicht zwingend notwendig, um mit seinem neuen Hausgenossen glücklich zu werden. Sie bieten aber größtmögliche Sicherheit, dass die Zuchtstätte, aus der Ihr Hundekind stammt, kontrolliert wurde und dass der Kleine während seiner ersten Lebenswochen dort psychisch und physisch angepasst und altersgemäß versorgt wurde.

Und was mindestens ebenso wichtig ist: Seine Vorfahren wurden gründlich unter die Lupe genommen und es wurden möglichst immer nur diejenigen Elterntiere miteinander verpaart, die hinsichtlich Gesundheitsergebnissen und Wesensmerkmalen am besten harmonieren. Erbgesunde, leistungsstarke und instinktsichere Ahnen sind bekanntlich der beste Garant für gesunde, wesensfeste und arbeitsfähige Nachkommen. Und darauf kommt es bei der Züchtung einer Rasse schließlich an – viel mehr, als auf bloße Schönheit!

Rassehund oder Mix?

Der Vorteil bei der Wahl eines Rassehundes besteht darin, dass Sie viel eher abschätzen können, was Sie erwartet – sowohl hinsichtlich seines Erscheinungsbildes als auch seiner Charaktermerkmale. Bei einem Mischlingshund müssen Sie sich mehr oder weniger überraschen lassen, zu was der Welpe sich entpuppt, gerade wenn seine Eltern unbekannt sind oder bereits Mischlingshunde waren.

Im Allgemeinen sind Mischlinge keineswegs – wie es häufig behauptet wird – gesünder und unproblematischer im Umgang, auch und gerade dann nicht, wenn kranke oder verhaltensauffällige Rassehunde die Basis waren. Die Natur vergisst nichts und so stecken in den Genen dieser Mischlingshunde all jene „bösen" Anlagen der Eltern und warten nur darauf, sich in neuem Gewand zu zeigen.

Zwar lässt sich statistisch erwarten, dass zum Beispiel ein HD-veranlagter Hund mit einem Paarungspartner, der die krank machenden Gene nicht in sich trägt, deutlich weniger hüftgelenkkranke Nachfahren hat **13**

Ob es eine wechselseitig beglückende Beziehung wird, ob Gleichklang im täglichen Miteinander herrschen kann, liegt an uns.

als mit einem Partner, der ebenfalls für diese Erbkrankheit prädestiniert ist. Ob allerdings die „Gen-Packungen" der beteiligten (reinrassigen und von unterschiedlichen Rassen stammenden) Elterntiere, welche die jeweils typischen Wesens- und Verhaltensmerkmale ausmachen, ebenfalls ein günstiges Gesamtbild komponieren, bedenkt man gewöhnlich nicht. Jagdhund-Erbe gekreuzt mit Hütehund-Erbe ergibt mitunter äußerst unausgewogene Hundepersönlichkeiten.

Doch auch bei der Rassehundezucht darf der Käufer nicht alles akzeptieren: Welpen aus reinen Inzuchtverpaarungen (also über Jahre hinweg praktizierten sehr engen Verwandtschaftszuchten) sollten es besser nicht sein. Eine Inzucht war früher zur Festigung eines einheitlichen Rassebildes unbedingt notwendig, heutzutage ist es hingegen wichtig, auf möglichst große Abwechslung innerhalb des genetischen Materials zu setzen und nur selten, wenn überhaupt, eng verwandte Tiere zu verpaaren. Nur so lässt sich die Genvielfalt und damit die Gesundheit und Leistungsfähigkeit einer Rasse dauerhaft erhalten.

Auch auf Übertreibungen sollte man verzichten: So sollte extreme Brachycephalie (also Kurzköpfigkeit) der Vergangenheit angehören. Denn ist es nicht viel schöner, einen wohlproportionierten, kleinen, drahtigen Vierbeiner neben sich zu wissen, der, ohne zu röcheln, freudig alles mitmachen kann, bei dem man also nicht permanent befürchten muss, dass er bei der geringsten Anstrengung kollabiert?

Vergessen Sie bei Ihrer Suche nicht, auch einmal im Tierheim vorbeizuschauen. Leider warten dort ab und zu auch Junghunde, ja selbst Welpen, auf eine Vermittlung. Ob es sich dabei um einen Rassehund oder einen Mischling handelt – vielleicht können Sie eine kleine vernachlässigte Hundeseele retten, die Ihnen bestimmt ebenso ans Herz wachsen wird wie jede andere. Tierschutzorganisationen sehen sich ebenfalls nur allzu oft gezwungen, schon die Allerkleinsten vermitteln zu müssen, etwa

weil ihre (hochschwangere) Mutter aus verwahrlosten Unterkünften geholt werden musste und die Welpen noch keine neuen Besitzer haben. Reinrassige Welpen – allerdings meist ohne Papiere – sind dort ebenso häufig vertreten wie Mischlingshunde. Schauen Sie einfach ins Internet! Möglicherweise finden Sie sogar Ihren Rasseliebling, zum Beispiel unter Cocker-Spaniel-in-Not, Jagdhunde-in-Not, Border-Collie-in-Not, Retriever-in-Not, Dalmatiner-in-Not, Vizsla-in-Not und so weiter.

Vom guten Züchter

Haben Sie sich dafür entschieden, Ihren Welpen beim Züchter zu kaufen, vereinbaren Sie rechtzeitig einen Besuchstermin und lassen Sie sich dort Zeit beim Herumschauen. Doch berücksichtigen Sie, dass ein gewissenhafter Züchter viele Welpeninteressenten empfängt und berät. Das Großziehen eines Wurfes ist ein echter Ausnahmezustand.

Viele Züchter gewähren Einblick in ihre Zuchtstätte schon lange vor dem Wurftermin. Das können Sie nutzen, um sich vorab ein Bild zu machen. Sind die Hundekinder schließlich geboren, wird Sie Ihre Ungeduld vermutlich dazu treiben, möglichst rasch auf Welpenschau zu gehen. Respektieren Sie nun bitte die Gepflogenheiten der einzelnen Züchter; manche begrüßen Welpenkäufer schon ein paar Tage nach der Niederkunft ihrer Hündin, andere erst nach ein paar Wochen.

Angewölfte, also angeborene Fähigkeiten zeigen sich schon früh. Bereits im Welpenalter kann man diese Anlagen spielerisch fördern – wie hier das Apportierverhalten bei einem Griffon Bleu de Gascogne.

15

Besuchen Sie mehrere Zuchtstätten. Fragen Sie, was immer Ihnen auf den Nägeln brennt, und betrachten Sie die Hunde – nicht nur die goldigen Welpen, die Sie sicher in Ihren Bann ziehen werden, sondern auch die erwachsenen Tiere im Rudel. Vergleichen Sie die Zuchthündinnen und, wenn die Gelegenheit besteht, auch die Deckrüden sowie die Aufzuchtbedingungen. Ein guter Züchter fordert und fördert seine Welpen, indem er ihnen beste Möglichkeiten eröffnet, ihre Sinne zu schulen und eine Fülle von Erfahrungen zu sammeln; dazu gehört auch der Umgang mit Stress und Frustration – in mildester Form, versteht sich.

Bedenken Sie bei Ihrer Wahl, dass die erste Zeit beim Züchter entscheidende Bedeutung für die weitere Entwicklung Ihres Schützlings haben wird. Gerade während seiner ersten Lebenswochen ist der Welpe außerordentlich aufnahmebereit für ganz spezifische Lerninhalte, die er in späteren Stadien seines Lebens nicht mehr oder nur noch sehr viel schwieriger erlernen und weniger dauerhaft im Gedächtnis speichern kann. Negativ- sowie Positiv-Erlebnisse bleiben ihm gerade jetzt deutlich in Erinnerung. Auch emotional ist er nun besonders formbar. Das sichere Wesen und die

Info

Daran erkennen Sie einen guten Züchter:

- Seine Zuchthunde und Welpen haben ein gepflegtes Äußeres und vermitteln den Eindruck bester Gesundheit, vollster Zufriedenheit und Lebensfreude.
- Althunde wie Welpen sind unbefangen, freundlich und sehr kontaktfreudig.
- Hundelager und Auslauf sind sauber.
- Der Aufzuchtbereich liegt im oder in unmittelbarer Nähe des Wohnbereichs.
- Die Welpen haben abwechslungsreiche Beschäftigungsmöglichkeiten und die Gelegenheit, die verschiedensten Umweltbedingungen kennenzulernen, um ihre Sinne zu schulen.
- Er macht seine Welpenschar mit Dingen wie Staubsauger, klappernden Topfdeckeln, Küchenmaschine, Föhn, Radio, Rasenmäher und so weiter vertraut; die Welpen, die in Jägerhand gehen sollen, außerdem mit verschiedenstem Wild. Im günstigsten Fall lernen die Kleinen schon, im Auto mitzufahren; die Jagdhunde in spe werden überdies spielerisch an das Vorsteher-Verhalten herangeführt.
- Seine Welpen dürfen mit den Besuchern spielen und auch Kontakt zu anderen Hunden aufnehmen.
- Er gibt bereitwillig Auskunft über den Gesundheitszustand seiner Tiere sowie den Impf- und Entwurmungsstatus und gewährt Einblick in sämtliche Untersuchungsergebnisse und Leistungsnachweise.
- Mit allen Hunden geht er fürsorglich um.
- Er berät Interessenten ausführlich.

Beim Spiel mit Gleichaltrigen können die Welpen angepasstes Sozialverhalten trainieren – die Basis für ein stressfreies Miteinander.

eindeutigen Verhaltensweisen der Althunde um ihn herum, vor allem seiner Mutter, und die liebevoll-konsequente Fürsorge der Menschen, denen er in diesen Tagen begegnet, schaffen Vertrauen und geben dem Hundezwerg Sicherheit. Hierbei wird der Grundstein für seine gesunde Verhaltensentwicklung gelegt. Denn neben den Genen ist es die Umwelt, die diesen Schritt maßgeblich mitbestimmt.

Überzeugt Sie die Atmosphäre der Zuchtstätte, lassen Sie sich vom Züchter die Ahnentafeln der Zuchthunde zeigen. Bitten Sie um Einsicht in die Ergebnisse der Röntgenuntersuchungen etwa auf Hüft- und/oder Ellenbogengelenk-Erkrankungen oder Patellaluxation. Erkundigen Sie sich nach den jährlichen Augenuntersuchungen der Zuchthunde und deren Verwandtschaft. Fragen Sie ruhig danach, ob in der Vergangenheit gehäuft bestimmte Erkrankungen (zum Beispiel der Schilddrüse oder des Herzens, Allergien, Tumore) oder Gebissfehler aufgetreten sind. Sicher interessiert es Sie auch, welche Arbeitserfolge die betreffende Linie vorzuweisen hat. Seien Sie neugierig!

Sie sollten sich nicht wundern, sondern sich sogar darüber freuen, wenn auch der Züchter Ihnen als möglichen Welpenkäufer viele Fragen stellt. Ein guter Züchter möchte wissen, wo und wie sein kleiner Schützling sein Leben verbringen wird und welchen „Beruf" er einmal ausüben soll.

Um es nochmals zu betonen: Stellen Sie nicht die Schönheit, sondern die Gesundheit der Zuchttiere als Auswahlkriterium an erste Stelle, dicht gefolgt von deren Leistungsfähigkeit. Natürlich sollten Sie hierbei

Ist die Hundemutter ausgeglichen und unbefangen, fühlen die Welpen sich geborgen und können sorglos heranwachsen.

nicht übertreiben: Haben Sie sich als Nichtjäger beispielsweise für eine Jagdhunderasse entschieden, wählen Sie keinen Welpen aus einer reinen Leistungszucht. Sie könnten den genetisch fixierten Ansprüchen eines solchen Hundes bestimmt nie gerecht werden, womit Probleme vorprogrammiert wären. Ebenso verhält es sich bei Hütehunden aus reinen Arbeitslinien. Deren Vertreter brauchen täglich anspruchsvolle Hüteaufgaben, damit sie sich am Ende nicht mit dem akribischen Zusammentreiben von Autos oder gar Stubenfliegen befassen.

Hündin oder Rüde – eine wichtige Entscheidung

Bei den meisten Hunderassen sind die Hündinnen etwas kleiner und feingliedriger als die Rüden. Rüden wiederum haben einen etwas größeren, breiteren Schädel und eine tiefere Brust. Auch sind sie kompakter und muskulöser als Hündinnen derselben Rasse – was sich vor allem bei Tieren mit kurzem Fell deutlich zeigt.

Rüden können ebenso wie Hündinnen äußerst verschmust sein, wobei Rüden in dieser Hinsicht oft noch wesentlich fordernder und anlehnungsbedürftiger sind. Bei ihnen bedarf es bisweilen etwas stärkerer erzieherischer Konsequenz, besonders dann, wenn sie sich ihrer Natur folgend zu läufigen Hündinnen momentan mehr hingezogen fühlen als zu ihren

Besitzern. Auf Freiers Füßen sind Rüden aber nicht nur draußen, selbst im häuslichen Umfeld ist der Einfluss läufiger Artgenossinnen des nahen Umkreises mitunter unverkennbar: Da wird herzzerreißend gefiept, lauthals gejault und gesabbert – und das tagelang. Ständig ist der männliche Vierbeiner nun im Haus auf Achse; nur futtern mag er jetzt meist nicht. Versteht man es nicht, seinen verliebten Buben während dieser Zeit mit langen Ausflügen in „ungefährliches" Terrain und viel spannender Beschäftigung abzulenken, dauern die Symptome seiner sexuellen Begierde so lange an, bis der Duft, den die ferne Angebetete verbreitet, nicht mehr allzu betörend wirkt – also mindestens eine Woche.

Auch ihr Machogehabe gilt es rechtzeitig in geordnete Bahnen zu lenken, damit sich daraus keine Rivalitätsprobleme mit männlichen Artgenossen entwickeln. Zudem markieren Rüden ihr Revier wesentlich ausgiebiger als Hündinnen das tun – es sei denn, diese werden in Kürze läufig. Dann stehen sie ihren männlichen Artgenossen in nichts nach. Allerdings tun sie es nicht durch das obligatorische Beinheben am Laternenpfahl, sondern, indem sie sich hinkauern, wo immer ihnen danach zumute ist.

Obwohl Hündinnen in der Regel sensibler und etwas unterordnungsbereiter sind als Rüden und weniger darauf aus, in der Familie Rangstreitigkeiten mit den Menschen aufkeimen zu lassen, haben auch sie ihre

Rührige und verantwortungsvolle Züchter bieten ihren Welpen altersgerechte Herausforderungen. Mit ihrer Mutter als Vorbild können die kleinen Kurzhaar-Collies freudig ihre Umwelt erfahren und begreifen lernen.

19

Ist der kleinen Labi nicht putzig? Doch aus dem niedlichen Welpen wird im Handumdrehen ein erwachsener Vierbeiner, dessen individuellen Ansprüchen und Bedürfnissen der Halter Tag für Tag genügend Rechnung tragen muss.

Eigenheiten, auf die sich der Halter einstellen muss. Kurz vor, während und einige Wochen nach ihrer (meist zweimal im Jahr auftretenden) Läufigkeit machen sich mehr oder weniger ausgeprägte Verhaltensveränderungen bemerkbar, die Einfühlungsvermögen und Rücksichtnahme verlangen. Da sind Rüden weitaus unkomplizierter, weil sie keinen hormonellen Umstellungen unterliegen.

Hündinnenhalter kennen die Symptome: Ihre Tiere werden zunehmend unkonzentriert, manchmal erscheinen sie der Welt regelrecht entrückt, sind kaum ansprechbar oder lustlos; ein anderes Mal zeigen sie sich extrem anhänglich und wollen nur noch bemuttert werden. Während ihrer „heißen Tage" schwärmen sie aus und vergessen mitunter jeglichen Gehorsam. Dann sollte man ein sehr wachsames Auge auf sie haben, damit sich kein unerwünschter Nachwuchs einstellt. Nach Blutungsende wird die überwiegende Mehrzahl der Hündinnen scheinträchtig, was vollkommen natürlich ist, aber weiterhin großes Verständnis und möglicherweise gezielte medizinische Behandlung und zudem viel ablenkende Beschäftigung erfordert (siehe Seite 80 und 120f.).

Bei dem endgültigen Entschluss für ein bestimmtes Geschlecht können unter Umständen auch die äußeren Rahmenbedingungen eine Rolle spielen: Gibt es in Ihrer Nachbarschaft oder in Ihrem Freundeskreis, mit dem Sie gern gemeinsame Unternehmungen starten möchten, ausschließlich (unkastrierte) Hündinnen, die einen Rüden regelmäßig tüchtig aus der Fassung bringen würden, oder vielleicht eine eingeschworene Hunde-Junggesellenmannschaft, die durch die Ankunft einer Hündin womöglich zu hartnäckigen Konkurrenten um das Weibchen mutieren? Auch solche Aspekte sollten Sie bei Ihrer Entscheidung nicht außer Acht lassen.

Welcher aus der bunten Schar soll es sein?

Wenn Sie sich für eine Zuchtstätte entschieden haben und die Entscheidung, ob es ein Rüde oder eine Hündin sein soll, gefallen ist, geht es daran, Ihren kleinen Liebling auszuwählen. Lassen Sie sich Zeit! Spielen und schmusen Sie zunächst mit allen Welpen und beschäftigen Sie sich liebevoll mit ihnen. Dabei können Sie schon so manches über deren Charakter erfahren: Wie verhalten sie sich, wenn sie sanft auf den Rücken gekullert werden? Machen sie ein raues Sozialspiel daraus, bleiben sie verdutzt und längere Zeit völlig reglos liegen oder zeigen sie sich spielerisch widerstrebend dabei? Der dreisteste Welpe aus der Gruppe wird Sie auch später sicher am meisten fordern – das sollten Sie sich vor Augen führen.

Können Sie die Neugier der Kleinen wecken, etwa durch herzlich-auffordernde Worte? Zeigen die Welpen aufgeschlossenes Interesse und folgen Ihnen nach? Bei welchem der Hundekinder genügt schon das wiederholte Locken im Flüsterton?

Haben Sie sich schließlich einen Einblick verschafft, können Sie sich jetzt entweder auf Ihr Bauchgefühl verlassen und denjenigen Welpen auswählen, zu dem Sie sich spontan besonders hingezogen fühlen, oder Sie vertrauen dem Rat des Züchters, der Sie gern bei der Entscheidung unterstützt. Nach Absprache mit dem Züchter dürfen Sie bestimmt mehrere

Die Wahl fällt Ihnen schwer wie bei diesem Lagotto-Romagnolo-Wurf? Lassen Sie doch einfach Ihr Herz sprechen! Nicht selten zeigt sich schon bei den ersten Zusammenkünften, wer zusammenpasst – und zusammengehört.

21

Timmy, Bonnie, Momo: Kurze Namen, am besten solche mit vielen (hellen) Vokalen, sind für Hunde besonders gut geeignet. Dieser kleine Eurasier reagiert schon auf seinen Namen.

Besuchstermine wahrnehmen, am besten zu unterschiedlichen Tageszeiten, denn die Welpen sind nicht immer gleich munter. Nutzen Sie jede Gelegenheit, denn nur so können Sie das Heranwachsen Ihres Kleinen mitverfolgen und die ersten so überaus wichtigen prägenden Kontakte zu Ihrem künftigen Hausgenossen aufbauen.

Fragen Sie den Züchter, ob Sie ein Handtuch oder eine kleine Hundedecke von daheim mitbringen und Ihrem Welpen bis zum Abholtag überlassen dürfen. Der Kleine kann sich so an das Duftspektrum seines neuen Zuhauses gewöhnen und gleichzeitig vertraute Gerüche aus seiner Wurfhöhle dorthin mitnehmen. Hunde sind bekanntlich Nasentiere und so lohnt es sich, dies als vertrauensbildende Maßnahme zu nutzen. Für manche Züchter ist es ohnehin eine Selbstverständlichkeit, ihren kleinen Zöglingen diese Art der Erstausstattung mitzugeben. Jeder Welpe bekommt seine eigene Schmusedecke mit ins neue Daheim, damit der Umzug nicht so schwer fällt.

Info

Der Welpentest
Wenn Sie sich bei der Auswahl des Welpen noch nicht so sicher sind, kann auch ein sogenannter Welpentest helfen. Hier einige Anregungen, wie Sie den wohl passendsten Welpen finden.
- Interesse an fremden Menschen: Sie sind für den Welpen noch fremd. Setzen Sie ihn ab, entfernen sich von ihm und versuchen dann, ihn zu sich zu locken. Folgt er Ihnen, kann man annehmen, dass er eher neugierig und aufgeschlossen als schüchtern ist.
- Vorsichtig oder zurückhaltend: Entfernen Sie sich erneut, locken ihn aber nicht. Bleibt er abwartend zurück, ist er der vorsichtige Typ. Springt er auf und rennt hinterher, wird er etwas draufgängerisch.
- Apportierfreude: Werfen Sie einfach ein Spielzeug weg und beobachten Sie, ob der Welpe hinterherläuft und es aufnimmt.

Einfluss der Umweltreize auf die Entwicklung

Wenn Sie sich für einen Welpen entschieden haben, interessiert es Sie bestimmt auch, wie sich aus dem kleinen, tollpatschigen, anfangs noch blinden und tauben Säugling ein kerniger, selbstbewusster Vierbeiner entwickeln kann. Grundlage hierfür ist die schon in den ersten Lebenstagen und -wochen rasant schnelle Entwicklung der Sinnesorgane und des Gehirns. Bevor es also an die Praxis im Umgang mit Ihrem neuen Familienmitglied geht, erfahren Sie im Folgenden einiges über den Entwicklungsprozess des Welpen – der schon mit der Geburt beginnt – und wie Sie positiv darauf Einfluss nehmen können.

Wie die Sinne heranreifen

Das Tast- und Geschmacksempfinden des Hundekindes beginnt schon im Mutterleib, ebenso die Wahrnehmung von Wärme- und Kältereizen sowie von Schmerz. Auch das Gleichgewichtsorgan nimmt bereits zu diesem frühen Zeitpunkt seine Arbeit auf und vermutlich ebenfalls das an der Geruchswahrnehmung beteiligte Vomeronasal-Organ (VNO).

Die Augenlider und äußeren Gehörgänge noch fest verschlossen, das kleine Schnuppernäschen aber bereits voll in Aktion: So schlummert der wenige Tage alte Welpe die meiste Zeit des Tages. Viele Eindrücke seines Umfeldes entgehen ihm jetzt noch.

23

Dieser auch als Mundriechorgan bezeichnete winzige paarige Schlauch am Gaumen des Hundes hat nichts mit dem eigentlichen Riechen zu tun. Es vermittelt nur ganz bestimmte Geruchseindrücke aus der nächsten Umgebung – nämlich über sogenannte Pheromondüfte von Artgenossen, welche für die soziale Interaktion der Tiere von elementarer Bedeutung und damit auch für die gesunde Entwicklung des kleinen Welpen unerlässlich sind.

Die Registrierung von leicht flüchtigen Duftstoffen über die Nase – also das, was man gemeinhin als Geruchsvermögen bezeichnet und bei Hunden bekanntlich phänomenale Präzision erreicht – beginnt erst viel später, wenn das Hundebaby den Geburtskanal verlassen hat. Voll ausgereift ist diese Art der Duftwahrnehmung, also das Riechen über die Nasenschleimhaut, mit rund fünf Monaten.

Die Lichtsinneszellen der Netzhaut bekommen erste Impulse, wenn sich mit rund 14 Tagen die Augenlider des Hundekinds öffnen. Um diesen Zeitpunkt herum (etwa mit 17 Tagen) erwacht auch der Hörsinn, weil sich nun die Ohrkanäle allmählich weiten und erstmals Schallwellen das Trommelfell erreichen können. Zuvor liegen die Ohrmuscheln dicht am Kopf an und die Hautfalten der äußeren Gehörgänge lagern fest zusammengepresst aufeinander, sodass Luftdruckwellen nicht in der Lage sind, sich darin auszubreiten.

Sinnesreize und Gehirnentwicklung

Schon als Neugeborene nehmen Hundewelpen zahlreiche Details ihrer Umgebung wahr und reagieren auf das, was ihnen widerfährt. Wenn nach drei bis vier Wochen alle ihre Sinnesorgane vollständig entwickelt sind, strömen immer mehr unbekannte Umwelteindrücke auf die Kleinen ein, mit denen sie sich auseinandersetzen müssen. Sekunde um Sekunde lernen sie nun dazu (besonders intensiv während der sogenannten Sozialisierungsphase, und zwar speziell zwischen der 4. und 12. Lebenswoche), denn der Mechanismus Lernen lässt sich nie mehr ausknipsen.

Auffällig sind ihre starken Reaktionen auf Umweltreize während dieses kurzen Lebensabschnittes. Ungewohnte Geräusche lassen die Hundekinder sofort aufhorchen, auf unerwartete optische Eindrücke, die plötzlich in ihrem Gesichtsfeld auftauchen, zucken sie kurz zusammen. Es sind aber nicht allein optische, akustische oder zum Beispiel geruchliche Reize, auf welche sie in diesem Alter so überdeutlich reagieren, auf Berührungen und soziale Interaktionen gehen sie ebenfalls ein.

Weshalb ist das so? Wieso reagieren Welpen gerade während dieser Phase so intensiv auf alles, was sie umgibt, und vor allem: wozu? Erklärungen liefert die Neurobiologie.

Ungefähr mit dem 25. Lebenstag geschieht im Gehirn der Welpen etwas Atemberaubendes, das Auswirkungen auf ihr gesamtes weiteres

Welpenäuglein sind immer blau. Dieser Farbeindruck entsteht rein physikalisch durch Lichtbrechung. Die Melaninkügelchen, die später die Färbung der Iris ausmachen, werden erst ganz allmählich eingelagert.

Leben hat: Ihre zahllosen, weit verstreuten Nervenzellen mit den wenigen Verbindungen zueinander strecken sozusagen explosionsartig ihre Fühler aus und beginnen, sich schnellstmöglich und aufs Engste miteinander zu vernetzen. Denn nur wenn zahlreiche Verbindungen zwischen ihnen bestehen, können die Nervenzellen die komplexen Aufgaben, die nun auf sie warten, in Angriff nehmen und auch zeitlebens reibungslos erledigen.

Fehlen diese spezifischen Verknüpfungsstellen, können sie nicht interagieren. Eine Weiterleitung von Sinnesreizen beziehungsweise Nervenimpulsen fände nicht statt. Die verschaltende Verarbeitung im Gehirn bliebe aus, eine korrekte Sinneswahrnehmung (beziehungsweise eine angepasste Verhaltensäußerung) ebenso – das wäre eine katastrophale Situation für ein Lebewesen.

Die Nervenzellverknüpfung setzt aber nicht einfach nur deshalb ein, weil der Welpe ein bestimmtes Alter erreicht hat. Dieser differenzierte Ausgestaltungsprozess in seinem Zentralnervensystem bedarf zudem eines Triggerimpulses aus der Umwelt. Bei der Entwicklung und Vernetzung der Nervenzellen seines optischen Systems ist es zum Beispiel Licht, das auf die Netzhaut seiner Augen treffen muss, damit die Verknüpfungskaskade in Gang kommt.

Irgendwann einmal etwas Licht auf die Netzhaut und das System ist angestoßen? So einfach ist es nun aber nicht. Entscheidend für den normalen Entwicklungsverlauf ist die Zeitspanne, innerhalb derer der Außenreiz an die Rezeptoren gelangt. Beim Hundewelpen muss dies in den Tagen geschehen, in denen seine Lidspalten erstmals winzige Sehschlitze freigeben, also mit rund zwei Wochen. Fehlen während der Phase des Augenöffnens solche Lichtsignale, bleibt die Synapsenbildung im auf-

Mit unverkennbarer Faszination widmet sich dieser kleine Labrador Retriever dem „Kneipptreten". Dass das Behältnis eigentlich als Tränke gedacht ist, kümmert ihn nicht.

steigenden Sehsystem weitgehend aus und damit zwangsläufig auch die korrekte Verarbeitung und Bewertung optischer Signale.

Synaptische Schaltstellen können nämlich nur dann in nennenswertem Umfang entstehen, wenn ihr sogenanntes Zeitfenster offen steht, wenn also genau diejenige Lebensspanne erreicht ist, die genetisch für die Ausgestaltung des Verarbeitungsmusters dieser bestimmten Sinnesqualität vorgesehen wurde. Kommt es während dieses Zeitraumes nicht zu Vernetzungsreaktionen, verkümmern die meisten Nervenzellen innerhalb dieses Verarbeitungskomplexes oder sterben sogar gänzlich ab, weil sie glauben, sie würden nicht gebraucht.

Ähnlich wie beim Sehsystem ist es bei den Nervenzellen des Gehörs, nur mit dem Unterschied, dass diese anstelle von Licht Schallereignisse brauchen, um sich ordnungsgemäß zu vernetzen. Und Schall gelangt zum ersten Mal in ausreichender Stärke an die Rezeptoren im Innenohr, wenn sich die Ohrkanäle des Hundewelpen mit rund 17 Tagen öffnen und Druckwellen passieren lassen.

Und noch etwas trägt zur Nervenzellvernetzung bei: der Gebrauch dieser Zellen. Denn je häufiger eine bestimmte Nervenbahn benutzt wird (weil Signale in ihr fortgeleitet werden), umso rascher, zahlreicher und intensiver verknüpft sie sich mit anderen Nervenfasern. Je stärker die Vernetzung, umso leistungsfähiger ist das Gehirn – und je leistungsfähiger das Gehirn, umso besser gerüstet ist der gesamte Organismus.

Reize fördern Motorik und Koordination

Bei der Geburt eines Hundekindes sind sämtliche seiner Nervenfasern gewissermaßen nackt. Erst im Verlauf der ersten Lebenswochen – und infolge steuernder Signale wie etwa der Bewegung der Gliedmaßen beim An-die-Zitzen-Robben – werden einzelne dieser Leitungsbahnen von einer isolierenden Hüllschicht umwachsen. Das Resultat ist: Diese Nervenfasern leiten Informationen nun wesentlich schneller und besser abgeschirmt von anderen. Elektrische Impulse gelangen somit rascher und punktgenauer von einem Ort zum anderen. Dadurch erzielen die Muskelbündel, die von diesen Nerven versorgt werden, eine deutlich höhere Reaktionsgeschwindigkeit. Das betreffende Tier bekommt damit eine verbesserte Koordinationsfähigkeit. Bleiben solche anspornenden Reize aus, kann das Wachstum dieser sogenannten Myelinscheiden fehlerhaft verlaufen. Dies beeinträchtigt die motorischen Fähigkeiten des Hundes natürlich erheblich und damit auch seine Überlebenschancen.

> **Wussten Sie's?**
> Einem Welpen – selbst dem winzigsten – stets alle Mühen abzunehmen, wirkt sich nicht günstig aus. Legt man den Kleinen zum Beispiel immer wieder zum Saugen an die Zitzen an, anstatt ihn selbst dorthinrobben zu lassen, hat das Konsequenzen auf einer Ebene, auf der man das zunächst nicht vermuten würde, nämlich bei der Ausdifferenzierung seiner Nervenbahnen.

Der Wärmehaushalt

Neben körperlichen Anstrengungen, welche Hundebabys unbedingt frühzeitig unternehmen sollten, hat zum Beispiel auch die Temperatur in ihrem Geburts- und Krabbelzimmer oder auf ihrem Abenteuerspielplatz draußen einen nicht unerheblichen Einfluss darauf, ob sie sich gesund weiterentwickeln. Lässt man Welpen in einer stets gleich temperierten (womöglich nur mollig warmen) Umgebung aufwachsen, schadet das ihrer Gesundheit mehr, als es ihr nutzt. Denn sogar die Fähigkeit, die Körpertemperatur eigenständig zu kontrollieren, bedarf eines Impulses von außen. In diesem Fall ist es das Wechselbad verschiedenster Temperatursignale, also Wärmereizen ebenso wie Kältereizen – moderaten, versteht sich!

Wird die Umgebungstemperatur allerdings mühevoll gleich warm gehalten oder lässt man die Kleinen nicht ins Freie, bleibt der Startschuss für den Differenzierungsprozess aus. Folglich haben die bedauernswerten Vierbeiner erhebliche Schwierigkeiten damit, ihren Wärmehaushalt zu regulieren – ein großes Manko, etwa für die Leistungsfähigkeit ihres Herz-Kreislauf-Systems. Sogar Reifung, Leistungsstärke und Reaktionsschnelligkeit ihres Immunsystems sind in hohem Maße davon abhängig, unter welchen Bedingungen sie in diesen ersten Wochen heranwachsen. Schon die wenigen Beispiele zeigen, welchen enormen Einfluss die Frühentwicklung eines Hundes auf sein Wohlergehen hat – und das für sein ganzes Leben.

Bevor der Welpe kommt – Vorbereitungen zu Hause

Spielen, erkunden, Erfahrungen sammeln – Hundekinder sind die geborenen Eroberer. Was immer sie entdecken, es wird ausgiebig beschnuppert, betastet und ins Mäulchen genommen und auf seine Schmackhaftigkeit, Spieltauglichkeit oder Beißfestigkeit hin getestet. Ein bekömmlicher Happen Obst oder Trockenpansen ist ihnen dabei ebenso lieb wie ein paar duftende Giftpflanzensamen, ein poröses Gummibällchen, ein Blumentopf aus brüchigem Kunststoff oder ein Elektrokabel. Denn selten nur wissen die kleinen Hunde instinktiv, was ihnen gut tut. Wie sollten sie das auch in einer Welt voll künstlich geschaffener Produkte, die allesamt ihre Neugier wecken?

Abgabealter
Je nach Rasse und Reglement der entsprechenden Zuchtvereine dürfen die Welpen mit acht bis zehn Wochen und nach der offiziellen Wurfabnahme durch einen Zuchtwart sowie einer Gesundheitskontrolle durch einen Tierarzt ins neue Zuhause umziehen.

Konzentriert beobachtet das Kelpie-Kind, was auf der Wiese vor sich geht. Wodurch wurde sein Interesse wohl geweckt?

Welpensicher muss es sein

Welpen sind daher besonders gefährdet, mit Alltagsutensilien konfrontiert zu werden, die ihrer Gesundheit schaden. Und so liegt es an Ihnen, rechtzeitig Vorsorge zu treffen.

Bevor Ihr neues Rudelmitglied ins Haus kommt, sollten Sie deshalb zumindest seinen Hauptaufenthaltsbereich auf Hundetauglichkeit hin überprüfen. Giftige Zimmerpflanzen und winzige Kleinteile wie Büroutensilien oder Kinderspielzeug, die der Welpe fressen könnte, müssen Sie aus dem Bodenbereich entfernen. Stromkabel, die er in einem unbeaufsichtigten Moment benagen könnte, müssen hundesicher verstaut, Steckdosen in seiner Reichweite mit Kindersicherungen versehen und Haushaltsreiniger und Ähnliches aus seinem Aktionsradius verbannt werden. Darüber

Es liegt an uns, gewissenhaft dafür Sorge zu tragen, dass dem Hundebaby nichts Unbekömmliches in sein Mäulchen gerät. Wie kleine Kinder testen Welpen, hier ein kleiner Welsh Terrier, alles mit den Zähnen.

hinaus sollten Sie kostbaren Nippes aus seinem Schwanzwedelbereich entfernen. Auch Ihre handgeknüpften Orientbrücken sollten Sie zusammenrollen und für einige Zeit mottensicher verstauen. Ihre wertvollen Künstlerteddys und teuren Designerschuhe bringen Sie ebenfalls zuvor in Sicherheit: Welpenzähnchen sind nadelspitz und durchaus leistungsstark.

Damit Ihr Kleiner auf glatten Stufen nicht zu Schaden kommt, sollten Sie Treppenauf- und -abgänge mit Absperrgittern sichern. Ebenso empfiehlt es sich, einen eventuell vorhandenen Gartenteich mit einem Schutzgitter zu umgeben, denn Gewässer mit steilen Böschungen können einem Welpen schnell zum Verhängnis werden. Dass ein eingefriedetes Grundstück für ein neugieriges Hundekind bei Weitem sicherer ist als ein Garten ohne Zaun, versteht sich von selbst. Übrigens: Nicht nur Schneckenkorn kann für Hunde tödlich sein, auch einzelne organische Dünger sind bei oraler Aufnahme lebensgefährlich. Achten Sie daher bitte auf die Warnhinweise auf den Verpackungen!

Schlaf- und Futterplatz

Überlegen Sie sehr sorgfältig, wo Sie Ihrem Hund den Ruhebereich einrichten wollen. Ideal wäre ein zugfreier, nicht gerade vor der Heizung ge- **29** legener Platz, an den er sich ungestört zurückziehen kann, wo er aber dennoch die Möglichkeit hat, das Leben um sich herum zu verfolgen. Wenn Sie ihm dort eine saugfähige, waschbare Hundedecke oder ein Hundekissen bereitlegen, wird er diesen Ort schnell akzeptieren. Denken Sie zudem darüber nach, an welcher Stelle der Vierbeiner sein Futter einnehmen und wo der Wassernapf seinen Standplatz bekommen soll. So kann er sich nach seinem Einzug rasch an die Gepflogenheiten gewöhnen.

Planen Sie für die nächsten Wochen keine Termine für aufwendige Zahnarztbesuche oder etwa den Möbelkauf ein und nutzen Sie die verbleibenden Tage bis zum Einzug des Welpen, um wichtige Besorgungen zu machen. Mit einem kleinen Hundekind an der Seite werden größere Einkaufstouren kaum möglich sein. Und für länger allein daheim oder in Ihrem Fahrzeug bleiben kann der Kleine jetzt natürlich auch noch nicht.

Info

Einkaufszettel für die Erstausstattung

- Schlafunterlage: Sehr gut geeignet ist zum Beispiel ein Hundekissen mit wasser- und schmutzabweisendem Bezug, eine wattierte Hundedecke oder ein waschbares Kuschel-Hundebett mit hohem Rand.
- Wassernapf sowie Futternapf: Besonders praktisch sind Edelstahlnäpfe, die an der Basis verbreitert und somit sehr standfest sind.
- Futtervorrat für die ersten Tage: Der Kleine bekommt vorerst die Art oder Sorte Futter, die er kennt.
- Knabberartikel: Hierzu gehören getrockneter Rinderpansen, Hundekuchen und Büffelhautknochen (besonders während des Zahnwechsels).
- Spielzeug: Ideal sind stabile Spieltaue aus Baumwolle, strapazierfähige Kunststoff-Noppenbälle und zum Beispiel leere Kartonagen (ohne Metallteile!).
- Halsband und Leine: Besonders zweckmäßig sind Leder- oder Nylonhalsbänder ohne Zug und eine leichte Leine aus Leder oder Nylongewebe mit Bolzenhaken.
- Welpen-Geschirr: Unbedingt auf Passgenauigkeit und gute Unterfütterung achten, damit nichts scheuert!
- Hundepfeife: aus Kunststoff mit hellem Pfeifton und Triller.
- Welpen-Dummy: etwa 200 g schwer und schwimmfähig.
- Pflegeutensilien: Noppen-Handschuh, Hundekamm (die Zahnung sollte nach dem Haarkleid des Hundes ausgewählt werden) sowie Frotteehandtücher fürs Trockenrubbeln zum Beispiel bei Schmuddelwetter; außerdem ein Zeckenhaken oder eine Zeckenzange zum raschen und sicheren Entfernen der Plagegeister.
- Für unterwegs: Geschickt sind Näpfe mit integriertem Wasserkanister, außerdem ein Hundegitter beziehungsweise eine Transportbox oder ein Hunde-Sicherheitsgurt, damit der Vierbeiner sicher transportiert werden kann, ohne sich und andere zu gefährden.

Der Faktor Zeit

Das Wichtigste, was Sie in den ersten Wochen als frisch gebackener Hundehalter brauchen, ist Zeit – sehr viel Zeit. Nehmen Sie sich nicht bloß ein paar Tage frei. Das wird nicht genügen, um dem Welpen alles zu vermitteln, was er wissen muss. Nehmen Sie besser Ihren Jahresurlaub, damit Sie ohne Zeitdruck, Hast oder Stress Ihren vierbeinigen Familienzuwachs richtig kennenlernen können – und er Sie.

Diese ersten Wochen werden für sein ganzes Leben prägend sein. Denn Sie sind (sofern Sie sich entsprechend um die Kommunikation und Interaktion mit Ihrem kleinen Vierbeiner bemühen) Grundsteinlegung und Weichenstellung in Einem. Jede Minute, die Sie jetzt miteinander verbringen, ist eine gewinnbringende Investition für die Zukunft. Es gibt nachweislich keine Phase im Leben eines Hundes, in der es effizienter und mit einfacheren Mitteln möglich ist, einen vergleichbar fruchtbaren Boden für später anzulegen, als in diesen ersten Lebenswochen.

Alles, was Sie und Ihr Hund währenddessen gemeinsam erleben, was Sie ihn erfahren und entdecken lassen, aber auch, was er selbst über sich, sein Wesen und seine Charakterzüge zu erkennen gibt, schweißt Sie beide immer inniglicher zusammen. Im Laufe der Monate wird daraus ein Team entstehen, das perfekt aufeinander eingestellt ist und das sich jederzeit aufeinander verlassen kann – ein Team mit einer Passung, die Ihnen fortwährend anerkennende Blicke einbringen wird.

Er hat es sich auf dem blanken Boden gemütlich gemacht. Bei hohen Umgebungstemperaturen lieben Welpen solche Ruheplätze.

Seine Lebensfreude wirkt ansteckend. Was Frauchen sich wohl heute für mich ausgedacht hat? Gespannt wartet der Kleine auf die gemeinsame Beschäftigung mit seinem geliebten Menschen.

31

Schaffen Sie sich also genügend Freiraum, um Ihrem Welpen die Welt zu zeigen. Es wird sich auszahlen – mit Sicherheit!

Eine Welpengruppe finden

Kümmern Sie sich rechtzeitig um eine Welpengruppe in Ihrer Nähe. Hundevereine und Hundeschulen bieten solche Übungs- und Spielzeiten (die in der Regel für Hunde im Alter zwischen acht und 16 Wochen und einmal wöchentlich abgehalten werden) ebenso an wie viele Züchter. Vielleicht haben Sie Glück und Ihr Züchter zählt dazu.

Bei solchen Veranstaltungen dürfen die Hundekinder toben, miteinander spielen und zusammen Erfahrungen sammeln – mit ihrer Umwelt ebenso wie untereinander. Zudem werden die ersten Lektionen des Benimm-Einmaleins trainiert, etwa ruhiges Sitzen, Herankommen und An-der-Leine-Gehen.

Darüber hinaus werden gemeinsam Alltagskenntnisse gesammelt – beim Gang in den Stadtpark, in ein Kaufhaus, auf den Bahnhof und vieles mehr. Die unterschiedlichsten Gelände dürfen die Welpen schnuppernd erkunden und untersuchen, oft lockt bei solchen Treffen auch der erste Schwimmunterricht.

Ohne diesen wertvollen Part in seiner Sozialisierungsphase fehlen dem Welpen essenzielle Eindrücke, vor allem hinsichtlich der Sozialkontakte mit Artgenossen, die er später nicht mehr in vergleichbarer Weise sammeln kann. Denn derart unbekümmert und unbefangen wie in diesen we-

Spaß im Bälle-Bad: Ein Hundekind ist für alles zu begeistern – und ganz nebenbei schult es so spielerisch sein Tastempfinden wie dieser kleine Border Collie.

Ein knisternder Untergrund, flatternde bunte Planen, Geräusche und Gerüche unter-
schiedlichster Art: Auf dem Abenteuerspielplatz warten viele neue Eindrücke auf den
Shapendoes-Welpen.

nigen Wochen wird er sein Umfeld nie mehr erfahren können. Gerade aus diesem Grund sollten Sie mit Ihrem kleinen Hund so rasch wie möglich an derartigen Veranstaltungen teilnehmen, am besten gleich in der ersten Woche nach dem Einzug bei Ihnen. Warten Sie nicht (wie es sehr oft empfohlen wird), bis er mit Ablauf der 12. beziehungsweise 14. Lebenswoche den sogenannten Komplettimpfschutz hat (siehe Seite 46 ff.).

Achten Sie aber bitte darauf, dass es auch die richtige Welpengruppe ist, zu der Sie gehen. Denn so wichtig derartige Veranstaltungen für die gesunde Wesens- und Verhaltensentwicklung eines Hundes sind, so wichtig ist es auch, dass diese professionell abgehalten werden. Eine bunt zusammengewürfelte Meute, in der jeder Welpe machen kann, was er will, kann mehr schaden als nutzen. Nicht selten werden dort Welpen kleiner Rassen oder sehr junge Tiere von solchen großwüchsiger Rassen oder schon deutlich älteren Hundekindern dominiert, wenn nicht sogar schikaniert, sodass sie sich weder frei entfalten noch positive Erfahrungen (mit Artgenossen) sammeln können.

Es macht sich also auf jeden Fall bezahlt, bei der Auswahl der entsprechenden Angebote sehr kritisch vorzugehen. Die Welpengruppe um die Ecke mag zwar bequem zu erreichen sein, sie braucht aber längst nicht diejenige zu sein, die sich für Sie und Ihren Welpen am besten eignet.

Tipp
Beim Welpentreffen können die Hundekinder spielerisch angepasstes Sozialverhalten trainieren – mit Artgenossen ebenso wie mit dem Menschen. Auch die zweibeinigen Teilnehmer gewinnen durch Beobachten, Gespräche mit anderen Welpenhaltern und die fachliche Anleitung Sicherheit im Umgang mit ihrem kleinen Schützling.

33

Die Ernährung des jungen Hundes

Um die Verdauungsorgane des Kleinen nicht zu überlasten, empfiehlt es sich, ihn mehrmals am Tag zu füttern und ihn dabei an regelmäßige Fütterungszeiten zu gewöhnen. Im Alter von acht bis 16 Wochen bekommt er vier Mahlzeiten pro Tag. Ab der 17. Woche bis zu einem Jahr sollte er dreimal täglich gefüttert werden, danach zweimal täglich.

Welpenfutter, aber welches?

Wie Sie Ihren kleinen Schützling verköstigen, bleibt Ihnen überlassen, denn es gibt mehrere Möglichkeiten, einen Hund ausgewogen und bedarfsgerecht zu füttern. Hierzu zählen die Ernährung ausschließlich mit industriell hergestelltem Fertigfutter, also mit Trockenfutterpellets aus dem Sack oder Feuchtfutterbrocken aus der Dose, oder die alleinige Fütterung mit Hausmannskost, also mit selbst zubereiteten Mahlzeiten etwa in Form gegarter Menüs oder als roh gereichte Kreationen.

Die Ernährung mit Fertigfutter hat klar den Vorteil, dass es auf die Bedürfnisse des Hundes direkt zugeschnitten ist und man sich keine Gedanken für weitere Ergänzungsstoffe machen muss. Wird das Futter selbst zubereitet, muss die Zusammensetzung von Ihnen selbst richtig auf das Alter

Noch sind seine Essmanieren kultivierungsfähig. Der Babybrei scheint dem kleinen Magyar Vizsla allerdings gemundet zu haben.

und die Bedürfnisse Ihres Hundes abgestimmt werden, was bestimmte Vorkenntnisse voraussetzt.

Sicher kann man den Hund – und das schon vom Welpenalter an – auch mit einer Mischkost aus Fertigfutterprodukten und Hausmacher-Mahlzeiten ernähren. Hier ein Menü-Beispiel: morgens rohes Rindfleisch mit fein püriertem Gemüse, mittags rohe Putenhälse, nachmittags Hüttenkäse mit fein püriertem Apfel und spät abends eine Portion eingeweichte Pellets.

Nicht ideal ist es hingegen, Rohfutter und beispielsweise Fertigfutterpellets in einer Mahlzeit zu vermengen. Aufgrund der Abläufe während des Verdauungsvorgangs im Hundekörper sollten zwischen solchen Mahlzeiten mindestens vier Stunden Abstand liegen.

Vor acht Jahren habe ich meine Hunde innerhalb von sechs Wochen von der kombinierten Ernährung mit Trockenfutterpellets und Selbstgekochtem auf Rohkost umgestellt – und bin bis zum heutigen Tag dabei geblieben. So kam es, dass jeder Vierbeiner, der danach zum Rudel stieß, mit dieser Fütterungsart konfrontiert wurde. Ob der acht Wochen alte Welpe vom Züchter oder der siebenjährige Findlingshund vom Tierschutz – alle kamen schnell damit zurecht.

Info

Vorteile der Rohfütterung

Ausschließlich mit Rohfutter ernährte Welpen wachsen erheblich langsamer und oft auch deutlich wohlproportionierter als solche, die mit anderem Futter versorgt werden – das wird sogar von Tierärzten bestätigt. Sie bleiben dabei aber nicht kleiner als ihre anders ernährten Wurfgeschwister oder Rassegenossen, sie erreichen ihre genetisch vorprogrammierte Körpergröße bloß deutlich später. Dafür haben solche Hunde in der Regel festes Muskel- und Bindegewebe, sehr gut mineralisierte Knochen und stabile Gelenke. Ihr Organismus hat schlicht genügend Zeit, die Nährstoffe des Futters auch dort einzubauen, wo sie hingehören, bevor alles in die Höhe schießt – wirklich ausgewogene Rohkost-Rationen vorausgesetzt!

Wurmbefall, andere Infektionen mit Darmparasiten oder sonstige gesundheitliche Probleme sind bei Welpen und Junghunden, die mit Rohkost ernährt werden, nicht in höherem Maße zu verzeichnen (treten aber, anders als im Erwachsenenalter, wohl auch nicht seltener auf) als bei Tieren gleichen Alters, die mit industriell gefertigter Nahrung gefüttert werden, abgesehen von den Erkrankungen des Skeletts, welche bei ausgewogen roh verköstigten Hunden offensichtlich deutlich seltener zu verzeichnen sind und dies bereits innerhalb ihres ersten Lebensjahres. Später stehen ausschließlich mit rohem Futter ernährte Hunde sogar noch besser da, denn sie leiden wesentlich seltener vor allem an Zivilisationskrankheiten wie Allergien, Fettleibigkeit, Diabetes und Krebs.

35

Rohe fleischige Knochen sind eine gesunde Nahrungsergänzung, außerdem reinigen sie die Zähne. Mit der Fütterung darf aber nicht abrupt begonnen werden, da die zur vollständigen Verdauung nötige Magensaftsekretion nur langsam gesteigert werden kann.

Dies soll nun kein Plädoyer für die Rohkostfütterung sein. Auch mit den anderen Ernährungsformen kann man seinem Hund von Welpentagen an gerecht werden. Sicherlich gilt es bei der Fütterung mit selbst zubereitetem Futter einige wichtige Grundregeln zu beherzigen, damit diese Form der Ernährung dem Hund auch wirklich gut tut.

Ob gegart oder in rohem Zustand: Es gibt durchaus Nahrungsmittel, die im Hundenapf nichts zu suchen haben. Auch eine auf das Lebensalter, den Gesundheitszustand und das Aktivitätsniveau des Vierbeiners abgestimmte Versorgung mit Vitaminen, Spurenelementen und Mineralien muss gewährleistet sein, damit im Laufe der Monate keine Mangelerscheinungen auftreten. Ein bisschen mehr Einsatz kostet es also schon, seinen Hund mit selbst zusammengestellten Kreationen zu verköstigen – vor allem im Welpenalter. Entscheiden Sie selbst, welche Art der Ernährung Ihnen und Ihrem Vierbeiner am besten gefällt.

Wenn Sie sich für die Ernährung mit Rohfutter interessieren, sollten Sie sich vorher also genau darüber informieren, wie das Futter natürlich entsprechend der Bedürfnisse des Hundes und mit der richtigen Menge an Inhaltsstoffen, Mineralien und Vitaminen zubereitet wird. In dem im Literaturverzeichnis aufgeführten Buch „1x1 der Rohfütterung" finden Sie dazu alle wichtigen Informationen, auch speziell zur Welpenernährung. Eine genau Beschreibung hier würde den Rahmen dieses Buches sprengen.

Fütterungsregeln

In den ersten Tagen bieten Sie Ihrem Welpen unbedingt das Futtermittel an, das er von seinem alten Zuhause her kennt, und zwar in der gleichen Menge und Zusammensetzung, wie er es dort erhalten hat. So ist es ihm vertraut und bekommt ihm in all dem Trubel des großen Umzugs am besten.

Möchten Sie Fertigfutter geben, halten Sie sich bei der Dosierung unbedingt an die Fütterungsempfehlungen des Herstellers. Beachten Sie, dass sich die Angaben nach dem Lebensalter und Gewicht beziehungsweise der Körpergröße des Hundes richten und Sie die zu verfütternde Menge jeweils entsprechend anpassen müssen.

Bei Trockenfutterpellets ist die Auswahl am größten. Hier finden Sie eine breite Palette von Produkten, die speziell auf die Bedürfnisse von Welpen abgestimmt sind. Probieren Sie einfach aus, was Ihnen und Ihrem Vierbeiner am ehesten zusagt. Und testen Sie, sollten Sie Trockenfutter

> **Wichtig!**
> Wenn Sie eine Futterumstellung vornehmen möchten, gehen Sie schrittweise vor, damit sich die an der Verdauung beteiligten Organe langsam an die veränderte Kost anpassen können. Eine zu rasche Umstellung hat insbesondere beim Welpen schnell Magen-Darm-Probleme zur Folge.

anbieten, ob es Ihrem Kleinem trocken oder in lauwarmem Wasser beziehungsweise leicht gesalzener Gemüsebrühe eingeweicht besser bekommt (1 gestrichener Teelöffel Salz auf 2 Liter Flüssigkeit).

Beachten Sie bitte, dass sogenannte Alleinfuttermittel keinerlei Zusätze mehr benötigen – auch kein Vitamin C, kein Vitamin D_3 und keine Kalziumgaben. Hunde, die sich im Wachstum befinden, brauchen zwar deutlich mehr an Vitaminen und Mineralstoffen für den Aufbau ihres Gesamtorganismus. Bei Futtermitteln, die für Welpen beziehungsweise Junghunde konzipiert wurden, sind diese Inhaltsstoffe aber bereits in ausreichend hohen Konzentrationen beigefügt, sodass ein Mehr schon zu viel sein könnte. In diesem Fall ist ein Zuviel aber ebenso ungesund wie ein Zuwenig. Denn die gleichförmige Knochenmineralisation ist ein kom-

Besonders während des Zahnwechsels nagen Hundekinder gern Büffelhautknochen. Denn es schmerzt schon gehörig, bis alle bleibenden Zähne durch das empfindliche Zahnfleisch hindurchgestoßen sind.

Achtung!
Schokolade und Kakao gehören ebenso wenig in den Hundenapf wie Weintrauben und Rosinen. Es kann zu Vergiftungserscheinungen und sogar zu Todesfällen führen, wenn der Welpe zu große Mengen davon zu sich nimmt.

plexer Vorgang, dessen Steuerung äußerst diffizil verläuft. Zahlreiche Mineralien und Vitamine sind daran beteiligt, deren zeitgenaue Verfügbarkeit im Körper fein aufeinander abgestimmt ist.

Wenn Sie sich dafür entscheiden, das Futter für Ihren Vierbeiner selbst zuzubereiten, müssen Sie sich, wie oben schon erwähnt, zunächst genau über die richtige Vorgehensweise informieren.

Wie viel Futter braucht der Welpe?

Erkundigen Sie sich auch bei anderen Hundehaltern oder Liebhabern Ihrer Rasse, mit welchen Futtermitteln diese die besten Erfahrungen gemacht haben. Füttern Sie vielfältig, dann ist es auch kein Problem, Ihren Vierbeiner einmal an etwas gänzlich Neues im Napf zu gewöhnen. Und füttern Sie sparsam! Bei Fertigfuttermitteln genügt meist das untere Limit der Mengenangaben, sonst wird der kleine Vierbeiner zu korpulent.

Dennoch müssen Sie natürlich die Gesamtfuttermenge an den individuellen Bedarf Ihres Tieres anpassen. Temperamentvolle, aktive Youngster brauchen in der Regel wesentlich mehr Futter als die weniger quirligen. Auch deutliche rassespezifische Unterschiede sind zu beachten. So benötigen (zumindest nach eigener Erfahrung) zum Beispiel Labi-Kinder auf ihre Körpergröße bezogen erheblich geringere Futtermengen als Welpen der Rasse Magyar Vizsla gleichen Alters und mit ebenso viel Power, um rein äußerlich nicht umgehend zum Pummelchen zu deformieren. Und das sollten Sie keinesfalls, denn Übergewicht kann zu schwerwiegenden Störungen des Allgemeinbefindens

Belohnungshappen müssen in die Berechnung der Tagesration mit einbezogen werden, damit der Welpe nicht zu dick wird.

des Hundes führen wie etwa zu Herz-Kreislauf-Erkrankungen, Diabetes mellitus und zu einer drastischen Verminderung der Immunabwehr. Sogar ein deutlich erhöhtes Krebsrisiko wird diskutiert.

Die richtige Fütterung beugt Krankheiten vor

In verschiedenen Untersuchungen wurde gezeigt, dass Hündinnen, die innerhalb ihres ersten Lebensjahres zu viel auf den Rippen hatten, in der Folge vermehrt an Gesäugetumoren erkrankten. Doch nicht nur das – auch auf die gesunde Entwicklung des Bewegungsapparates hat die Ernährung im Welpen- und Junghundealter starken Einfluss.

Vor allem großwüchsige Rassen sind oft von Erkrankungen ihrer Hüft- und/oder Ellenbogengelenke betroffen. Obwohl die Anlagen dafür erblich bedingt sind, hängt die Stärke der Ausprägung des Krankheitsbildes ganz entscheidend von den Aufzuchtbedingungen eines Welpen und Junghundes ab.

Begünstigend für den Krankheitsausbruch und einen schweren Verlauf wirken im Wesentlichen zwei Faktoren: Zum einen die Überbeanspruchung der Bänder, Sehnen und Gelenke während des Wachstums durch zu häufiges Treppensteigen, zu ausgiebige Bewegung, viele Springspiele und durch Übergewicht. Zum anderen spielt die Art der Ernährung eine wichtige Rolle, in erster Linie die Zufuhr an Kalzium. Denn wie erwähnt, führen sowohl zu hohe als auch zu geringe Mengen dieses Mineralstoffes zu einem unausgewogenen Wachstum der Knochensubstanz mit der Folge von Missbildungen und Fehlstellungen. Verstärkt wird diese Fehlentwicklung durch ein allgemein zu rasches Körperwachstum, welches vor allem durch einen zu hohen Energiegehalt der Nahrung (durch zu viel Fett, aber auch durch zu viel Eiweiß) ausgelöst wird. Fett als Geschmacksträger steigert wie Eiweiß die Akzeptanz der Nahrung.

Tipp
Falls Sie einen Futternörgler haben, bieten Sie ihm kein Alternativmenü an, von dem Sie annehmen, es schmeckt ihm vielleicht besser. Nehmen Sie Futterreste einfach kommentarlos weg, wenn er die Mahlzeit verweigert. Wenn Sie konsequent bleiben, wird er sich bald an seine Mahlzeiten gewöhnen und nicht mehr mit spitzen Zähnen probieren. Oft fehlt in den ersten Tagen im neuen Daheim einfach der Futterneid der Geschwister als Antrieb. Bieten Sie unter Umständen zunächst pro Mahlzeit eine kleinere Menge Futter an, damit Ihnen nicht so viel verdirbt.

Bekanntlich wachsen zu reichlich gefütterte Welpen und Junghunde rascher und erreichen ihre genetisch vorgegebene Größe wesentlich früher als sparsamer ernährte Tiere. Kein Wunder also, wenn sie Probleme mit ihrem Bewegungsapparat bekommen, weil die für die Stabilität ihrer Knochen und Gelenke nötigen Reifungsprozesse bei einem solch raschen Wachstum einfach nicht mithalten können.

Für den Labrador Retriever gehört das Fressen zu seinen großen Leidenschaften. Daher sollte er nicht zu reichlich ernährt werden.

Fütterungshinweise

Bei der Fütterung Ihres Welpen und Junghundes sollten Sie bestimmte Regeln immer beachten.

- Futter dürfen Sie auf keinen Fall zu kalt anbieten. Es sollte Raumtemperatur haben. Was der Welpe nach etwa 15 Minuten, der Junghund nach ungefähr 5 Minuten nicht verzehrt hat, wird weggenommen.
- Bieten Sie übrig gebliebenes frisches oder feuchtes Futter nicht erneut an. In selbst zubereitetem Futter (ohne Konservierungsstoffe) können sich Bakterien rasch vermehren. Eingeweichte Trockenfutterreste sollten Sie ebenfalls wegwerfen.
- Nahrungsmittelzusätze wie die zumeist für schnellwüchsige und HD- beziehungsweise ED-belastete Hunderassen empfohlenen Gelatinepräparate sollten nur nach gesicherter Indikation und streng nach empfohlener Dosierung gegeben werden.
- Bei Verwendung von Trockenfutter sollten Sie die für die Erziehung benötigten Belohnungshappen von der Tagesration abziehen. Dafür behalten Sie von jeder Mahlzeit etwa 10 bis 20 Prozent der Pellets als Leckerli zurück. Was fürs Üben nicht benötigt wurde, können Sie der letzten Mahlzeit am Abend wieder zufügen.
- **40** Frisches Trinkwasser muss jederzeit bereitstehen.

Gesundheitsvorsorge

Sobald Ihr kleiner Schützling bei Ihnen eingezogen ist, übernehmen Sie die Verantwortung für ihn. Dazu gehören nicht nur die richtige Ernährung, die ersten Lektionen und der regelmäßige Gassigang. Auch für die Gesundheitsvorsorge sind Sie jetzt zuständig. Hierzu zählen sowohl die Körperpflege als auch der Schutz vor Parasiten und Infektionskrankheiten.

Richtige Körperpflege üben

Bürsten, Kämmen, Gebisskontrolle, Ohrenputzen, Augenreinigen, Pfotensäubern, Krallenschneiden: All diese Pflegemaßnahmen, die ein Hundeleben lang immer wieder durchgeführt werden müssen, können Sie bereits mit dem Welpen üben. Beginnen Sie sehr behutsam und spielerisch.

Fellpflege
Verwenden Sie für die Fellpflege anfangs nur elastisches Pflegeutensil wie einen Gumminoppen-Handschuh, einen feuchten Lederlappen, eine weiche Bürste oder Noppen-Bürste und möglichst grobzinkige Kämme, damit nichts zieht. Streichen Sie damit sehr sanft zunächst nur im Nackenbe-

Das Wohl des Hundes liegt allein in unserer Hand – vom ersten Augenblick an – und es währt bis zu seinem allerletzten Atemzug.

reich entlang bis zur Kruppe (also dem Rutenansatz Ihres Hundes), anschließend auch über das Fell an seinem Hals und an den Flanken. Erst später striegeln Sie die Innenseiten der Schenkel und das Bäuchlein Ihres Kleinen, denn an diesem Körperstellen kitzelt es eher und der Zwerg wird womöglich unruhig.

Arbeiten Sie immer von oben nach unten und in Wuchsrichtung des Haares. Und während die eine Hand mit dem Pflegeutensil durch das Haarkleid gleitet, fixieren Sie mit der anderen die Haut Ihres Tieres. So tut es überhaupt nicht weh.

Körperpflege soll Spaß machen und keine Ängste induzieren. Knuddeln Sie Ihren Welpen deshalb hin und wieder und geben Sie ihm ein Leckerchen, wenn er sich entsprechend ruhig und gelassen verhält. Zeigt er sich zu Beginn stark widerstrebend, erzwingen Sie nichts. Lassen Sie ihm seine ablehnende Haltung aber auch nicht durchgehen, indem Sie infolge seines Protestes sofort Ihre Arbeit abbrechen. Bearbeiten Sie stattdessen jeweils nur ein kleines Stückchen seines Fells – und loben ihn selbstverständlich gebührend dafür. Beenden Sie die Pflegesitzung, noch bevor er von sich aus wieder beginnt herumzuhampeln. So behalten Sie die Kontrolle.

Schon beim jungen Rüden kann sich etwas Sekret um den Penis herum ablagern, zu Verklebungen der Härchen und sogar zu einer Entzündung führen. Werden die Härchen der Vorhaut kurz geschnitten, siedeln sich Bakterien weniger leicht an.

Zeigt der Welpe wiederholt derartige Kratzattacken, müssen Sie der Ursache unbedingt auf den Grund gehen. Beim gründlichen Striegeln mit einem feinzinkigen Staubkamm können Sie rasch feststellen, ob dem Juckreiz ein Ungezieferbefall zugrunde liegt.

Ohren und Augen reinigen

Bei Rassen mit langen Behängen muss mindestens einmal wöchentlich der äußere Gehörgang vorsichtig ausgewischt werden, damit sich keine dicken Ohrschmalz-Ablagerungen bilden, die Nährboden für hartnäckige Entzündungen sind. Verwenden Sie zur Reinigung auf keinen Fall Wattestäbchen! Macht Ihr Hund eine ruckartige Bewegung können Sie nur allzu leicht die empfindliche Schleimhaut des inneren Gehörgangs oder womöglich sein Trommelfell verletzen. Ein trockenes oder mit Babyöl getränktes Zellstofftuch, das Sie sich über den Zeigefinger stülpen, ist für die Reinigung der Ohrmuschel und des sichtbaren Teils seines Gehörgangs wesentlich besser geeignet.

Hunde mit langen Behängen neigen eher zu Ohrenentzündungen als ihre Artgenossen mit Stehohren. Die regelmäßige Kontrolle und Säuberung der Ohrmuscheln und äußeren Gehörgänge ist bei ihnen deshalb besonders wichtig.

Augensekret, das sich hauptsächlich morgens im Augenwinkel gesammelt hat, wischen Sie behutsam mit einem feuchten Läppchen weg – immer von außen in Richtung Nasenwurzel.

Krallen schneiden

Ist der Welpe überwiegend auf weichem Untergrund unterwegs, müssen seine Krallen gekürzt werden, damit er nirgends hängen bleibt und sich verletzt oder sich infolge falscher Belastung (Schonhaltung) Pfotenfehlstellungen ergeben. Denn das Krallenhorn nutzt sich dann nicht genügend ab.

Mit einer stabilen Krallenzange schneiden Sie die Krallenspitzen vorsichtig zurück. Bei hellen Krallen können Sie leicht erkennen, wo die Blutgefäße verlaufen. Bei dunklem Horn tasten Sie sich besser langsam voran, damit Sie Ihren Welpen nicht verletzen. Achten Sie besonders auf die Daumenkrallen Ihres Tieres. Weil diese an der Innenseite der Vorderläufe befindlichen Zehen überhaupt keinen Bodenkontakt haben und sich demzufolge kaum abnutzen, können sie rasch einwachsen.

Ans Trimmen gewöhnen

Zählt Ihr Kleiner zu denjenigen Rassen, deren Fell später geschoren wird, legen Sie auch schon mal die Schermaschine bereit, allerdings zunächst, **43**

Das weiche, flauschige Welpenfell (hier ein Flat Coated Retriever) weicht dem witterungsbeständigeren Erwachsenen-Haarkleid je nach Rasse meist im Alter zwischen sechs und zwölf Monaten. Dieser Prozess geht recht langsam vonstatten, sodass er weniger auffällt als der jahreszeitliche Haarwechsel.

ohne sie einzuschalten. Nach einigen Tagen kippen Sie den Schalter um und lassen den Motor surren und vibrieren. Erst einige Übungsstunden danach beginnen Sie, im Nackenbereich Ihres kleinen Vierbeiners ein paar Strähnen zu scheren.

Info

Richtig präsentieren!
Möchten Sie Ihren Hund auf Hundeausstellungen präsentieren, gewöhnen Sie ihn jetzt schon daran, dass er sich auch einmal von einem Fremden überall begutachten und am ganzen Körper (einschließlich an den Zähnen) berühren lässt, beim Rüden auch an den Hoden. Dann wird es später vor den strengen Richter-Augen bestimmt perfekt klappen.
Die im Kapitel „Zwicken – nein danke" beschriebene Futterübung kann dazu dienen, bereits dem winzigen Welpen mustergültiges „Stehen" beizubringen. Probieren Sie es aus! Während er die Käsehäppchen aus Ihrer Hand zu futtern versucht, präsentiert er sich ausstellungsreif.

Zahnentwicklung und Zahnpflege

Bei seiner Geburt ist der Welpe zahnlos. Das Milchgebiss mit insgesamt 28 Zähnen bricht zwischen der 3. und 6. Lebenswoche durch. Bereits mit dem Ende des 3. Lebensmonats fallen die ersten Milchzähne wieder aus und weichen dem bleibenden Gebiss. Der Wechsel beginnt mit den Schneidezähnen. Mit dem Durchbrechen der hinteren Backenzähne (zwei in jeder Oberkieferhälfte und drei in jeder Unterkieferhälfte) im Alter von rund sieben Monaten ist der Zahnwechsel abgeschlossen. Das Gebiss besteht dann aus 42 Zähnen.

Während des Zahnwechsels ist das Nagebedürfnis des Welpen besonders hoch. Bieten Sie ihm in dieser Zeit vermehrt Kauartikel an, damit er sich nicht an Schuhen, Stuhlbeinen oder Ähnlichem vergreift. Ideal sind steinhart getrocknetes Brot, Hundekuchen, Büffelhautknochen, gedörrte Lunge und so weiter. Heftige Zerrspiele mit Spieltauen, Lappen oder Handtüchern sind eher kritisch zu betrachten. Vor allem bei Hunderassen, deren Hauptaufgabe später das Apportieren sein soll, muss dann befürchtet werden, dass sie sich daran gewöhnen, unsanfter zuzupacken. Auch bei Rassen, die genetisch bedingt zu selbstbestimmten Verhaltensweisen neigen, ist davon abzuraten, da die Tiere sich sonst unter Umständen zu sehr hineinsteigern. Vor und während des Zahnwechsels sind Zerrspiele ohnehin gänzlich abzulehnen, weil hierbei Zähne gewaltsam herausgerissen werden können und außerdem die Gefahr von Zahnabsplitterungen bis zu Zahnfehlstellungen besteht.

Achten Sie auch auf persistierende Milchzähne, also auf Zähne des Welpengebisses, die nicht ausgefallen sind, bevor die Zähne des bleibenden Gebisses nachschieben. Stehen diese nämlich zu lange an deren Stelle, stören sie die Entwicklung der Neuen. Sie sollten deshalb vom Tierarzt entfernt werden.

Zeichnen sich beim Durchbrechen des Erwachsenengebisses Zahnfehlstellungen ab, können Sie versuchen, diese durch eine sanfte Druckmassage zu korrigieren. Massieren Sie dazu den betreffenden Zahnbereich für die Dauer von ein bis zwei Wochen mehrmals täglich (so oft es für den Welpen erträglich ist) jeweils eine Minute lang in die angestrebte Position. Eine aufwendige kieferorthopädische Maßnahme erübrigt sich dann meistens.

Heftiges Sabbern und leicht gerötetes, schmerzempfindliches Zahnfleisch sind typische Zeichen des Zahnwechsels.

45

Impfen – wann und wogegen?

Einen allgemein gültigen Impfplan für Hunde gibt es nicht. Zu welchem Zeitpunkt, wogegen und wie oft geimpft wird, hängt von den jeweiligen Gegebenheiten ab. Dort, wo bestimmte Krankheiten immer wieder oder gehäuft auftreten, wo der allgemeine Infektions- oder Parasitendruck besonders hoch ist oder wo zahlreiche Hunde auf engem Raum zusammenkommen, sollte früher beziehungsweise häufiger oder gegen möglichst viele Infektionserreger geimpft werden.

Bestimmte Impfungen sind gesetzlich vorgeschrieben, andere nicht. So ist es nach wie vor Pflicht, seinen Hund gegen Tollwut zu impfen, wenn man ihn mit auf Auslandsreisen nehmen möchte. Ohne eine gültige Tollwutimpfung, die im EU-Heimtierausweis vermerkt sein muss, darf ein Hund nicht mit ins Ausland – selbst nicht in unsere direkten Nachbarländer – mitgenommen werden. Auch für viele Veranstaltungen wie der Besuch einer Ausstellung oder die Teilnahme an einem Hundesportwettbewerb sind bestimmte Impfungen vorgeschrieben. Hier muss man sich rechtzeitig über die Vorschriften informieren. Ihr Tierarzt kann Ihnen sicherlich Auskunft über die Einreisebestimmungen der verschiedenen Länder geben. Auch auf den Internetseiten der jeweiligen Botschaften finden Sie entsprechende Informationen. Möchten Sie auf Ausstellungen gehen, an Erziehungskursen oder Hundesportwettkämpfen teilnehmen, erkundigen Sie sich bei den Veranstaltern über die (Impf-)Vorschriften.

Damit Sie ins Ausland reisen können, benötigt der Hund mindestens eine gültige Tollwutschutzimpfung und einen EU-Heimtierausweis.

Manche Impfungen sind dagegen nur nötig, wenn der betreffende Hund einem ungewöhnlich starken Erkrankungsrisiko ausgesetzt ist, wie etwa bei einem Auslandsaufenthalt in südlichen Ländern. Da die Thematik äußerst vielschichtig ist, ist es nicht verwunderlich, dass kein genereller Impfplan existiert. Lediglich für das Welpenalter wird nach einem recht strikten Schema geimpft.

Im Folgenden finden Sie ein Beispiel für einen bewährten Impfplan. Lassen Sie sich aber auf alle Fälle diesbezüglich von Ihrem Tierarzt beraten.

Krankheit (Abkürzung)	Grund- immunisierung		Auffrischimpfungen	
	Erst- impfung	Nach- impfung	Erste	Weitere
Staupe (S)	8. LW	12. LW	nach 12 Monaten	im 2-Jahres-rhythmus
Ansteckende Leberentzündung (H bzw. H.c.c.)	8. LW	12. LW	nach 12 Monaten	im 2-Jahres-rhythmus
Leptospirose (L)	8. LW	12. LW	nach 12 Monaten	jährlich
Parvovirose (P)	8. LW	12. LW	nach 12 Monaten	jährlich
Tollwut (T)	12. LW	–	nach 12 Monaten	im 2- oder 3-Jahres-rhythmus, je nach Impfstoff
Parainfluenza (Pi bzw. Para) *	8. LW	12. LW	nach 6 bis 12 Monaten	jährlich
Bordetella (B) *	mindes-tens 5 Tage vor Infekti-onsrisiko	–	nach 6 bis 10 Mona-ten, wenn erforderlich	
Borreliose	12. LW	16. LW	nach 6 bis 12 Monaten	alle 6 bis 12 Monate

LW = Lebenswoche   * Erreger des Zwingerhustens **47**

Darüber, ob Auffrischimpfungen jährlich oder nach zwei bzw. drei Jahren durchgeführt werden sollten, gibt es ebenfalls unterschiedliche Auffassungen. Angesichts der immer mehr auftretenden gravierenden Impfnebenwirkungen nach zu häufigen Applikationen darf sogar darüber diskutiert werden, ob Auffrischimpfungen überhaupt bei jedem Impfstoff notwendig sind. Zu viel Schutz, also zu kurze Impfintervalle, kann den Stoffwechsel nämlich entgleisen lassen. Ein derart überbehütetes Immunsystem schlägt gewissermaßen Kapriolen, welche sich im Verlauf eines Hundelebens beispielsweise in ausgeprägten Allergien äußern können.

Info

Sehr wichtig!
Das gezielte und mehrmalige Impfen seines Tieres im Welpen- und Junghunde-Alter sollte indes kein Halter jemals in Frage stellen. Denn gerade diese Impfungen sind es, die das Abwehrsystem des Hundes „eichen" und es auf optimale, lebenslang anhaltende Leistungsfähigkeit prägen! Aus diesem Grund müssen Sie diese Impftermine wirklich exakt einhalten, zudem sollten Sie die hier angeführten Impf-Tipps beachten. Der Komplettimpfschutz des Welpen ist erreicht, wenn die Grundimmunisierung abgeschlossen ist, also spätestens mit 16 Wochen.

Impf-Tipps

Damit Ihr kleiner Vierbeiner die Impfung auch gut verkraftet, finden Sie hier einige Tipps, die Sie beachten sollten.

- Unmittelbar vor dem Impfen sollten Hunde grundsätzlich nicht gefüttert werden. Erbrechen lässt sich so meist verhindern. Etwas Futter und Trinkwasser rund eine Stunde nach der Injektion stellen dagegen kein Problem dar.
- Vor dem Impfen sollte sich der Vierbeiner gelöst haben.
- Starke körperliche Belastungen und seelische Erregung sollten dem Impfen nicht vorausgehen und ihm auch nicht unmittelbar folgen.
- Gelegentlich reagieren Hunde, vor allem Jungtiere, nach dem Impfen mit Mattigkeit. Impfen bedeutet eine Konfrontation des Organismus mit körperfremden Eindringlingen, und das stecken gerade die Jüngsten oft nicht so einfach weg. Doch spätestens nach zwei Tagen haben sich die Tiere wieder erholt. Längere Wanderungen sollte man seinem kleinen Vierbeiner bis rund fünf Tage nach einer Impfung dennoch nicht zumuten.
- Nach dem Impfen sollten die Tiere mindestens zwei Tage nicht gebadet werden oder schwimmen gehen. Es ist günstiger, die Injektionsstelle erst vollständig abheilen zu lassen.
- Nicht selten entstehen nach dem Impfen Rötungen oder geringfügige Schwellungen an der Einstichstelle, die nach ein paar Tagen wieder verschwinden. Gelegentlich entwickeln sich dort aber auch ausge-

dehntere, knotige Veränderungen, die längere Zeit für ihre Rückbildung benötigen. Eine Behandlung mit Salben oder Ähnlichem ist aber nicht erforderlich. Der Impfschutz entwickelt sich dabei völlig normal. Die Ursache dieser Knubbel ist unter die Haut gespritzte Impfflüssigkeit, die nicht gleich völlig resorbiert, sondern vom Bindegewebe eingekapselt wird.

- Umgebungstemperaturen, die stark vom Durchschnitt abweichen, beeinflussen die Entwicklung der Immunität. Betroffen ist hierbei vor allem die Bildung der Antikörper, also derjenigen Eiweißpartikel, die infolge der Impfung direkt gegen spezifische Krankheitserreger vorgehen sollen. Sehr hohe Temperaturen hemmen die Antikörperbildung und verringern deren Konzentration im Blut (der sogenannte Titer). Impfungen während einer Hitzeperiode sind demnach nicht besonders effektiv und nicht selten der Grund für sogenannte Impfdurchbrüche, was bedeutet, dass geimpfte Hunde dennoch an der Krankheit, gegen die geimpft wurde, erkranken.

Wussten Sie's?
Nach einer Impfung stellt sich der Impfschutz erst peu à peu ein, da die durch den Impfstoff induzierte Produktion von Antikörpern Zeit benötigt. Rund zwei Wochen nach dem Injektionstermin ist er dann voll wirksam.

Bei derart engem Körperkontakt ist das Immunsystem gefordert – doch die körpereigene Abwehr braucht solche Anstöße zwingend, um später gegen Krankheitserreger aller Art gewappnet zu sein.

Entwurmen – wie oft und womit?

Endoparasiten können die Gesundheit von Hund und Mensch erheblich beeinträchtigen und in einigen Fällen sogar zum Tod des Infizierten führen. Vorbeugung ist daher besonders wichtig – etwa durch entsprechende Verhaltensmaßregeln wie dem strikten Verbot für den Vierbeiner, nach Mäusen zu buddeln und diese zu fressen oder in der freien Natur Kadaver aufzunehmen. Schon der junge Hund kann das lernen. Es kostet Sie allerdings etwas Konsequenz!

Welpen werden gewöhnlich ab dem 14. Lebenstag alle 14 Tage bis zur 8. beziehungsweise 10. Lebenswoche gegen Rundwürmer behandelt. Die entsprechenden Mittel sind als Flüssigkeit oder in Pastenform erhältlich, sodass sie bequem unter das Futter gerührt werden können.

Im Alter von vier sowie acht Monaten sollten Behandlungen mit einem sogenannten Breitbandwurmmittel erfolgen, denn Junghunde sind ebenso wie die erwachsenen Tiere eher von einem Befall mit Bandwürmern als mit Rundwürmern betroffen. Solche Wurmmittel gibt es vor allem in Tablettenform.

Zur Verabreichung nehmen Sie eine Tablette zwischen zwei Finger einer Hand, legen sie möglichst weit hinten auf den Zungengrund des Hundes und halten seinen Fang für einen Moment zu. Unterstützend

Kranke oder von Parasiten befallene Tiere dürfen nicht mit anderen in engen Körperkontakt treten. So viel Verantwortungsbewusstsein sollte jeder Hundehalter haben, damit beispielsweise in der Welpengruppe keine Ansteckungsgefahr lauert. Dieser Golden Retriever und der Australian Shepherd strotzen vor Gesundheit.

Jagdhunde und solche, die viel in Feld und Flur unterwegs sind, werden häufiger von Ektoparasiten befallen. Bei ihnen ist die regelmäßige Fellkontrolle besonders wichtig.

können Sie behutsam an seinem Hals entlangstreichen – vom Maul in Richtung Brust. Sobald er reflektorisch abgeschluckt hat, ist alles überstanden. Viele Vierbeiner nehmen Tabletten wie Leckerchen zu sich, manche fangen sie sogar aus der Luft und schlucken sie ohne Weiteres hinunter. Probieren Sie einfach aus, wie es bei Ihrem Tier am besten klappt.

Ob Sie danach – wie von den meisten Tierärzten empfohlen – ein fest gefügtes Entwurmungsschema einhalten möchten, also sozusagen auf Verdacht entwurmen, und zwar mindestens viermal jährlich, oder ob Sie durch regelmäßige Kotuntersuchungen (wenigstens zweimal im Jahr) zunächst feststellen lassen, ob überhaupt ein Endoparasitenbefall vorliegt, der mit Pharmaka behandelt werden muss, bleibt Ihnen überlassen.

Fest steht jedenfalls, dass Hunde, die aufgrund bester Haltungs- und Ernährungsbedingungen ein gut trainiertes, leistungsstarkes Immunsystem besitzen, äußerst selten Opfer von Endoparasiten sind. Weder Würmer noch die einzelligen Schmarotzer wie Giardien und Kokzidien können ihnen etwas anhaben, denn ihre körpereigene Abwehr

Tipp
Mindestens zehn Tage vor einer Schutzimpfung sollte auf jeden Fall eine Entwurmung vorgenommen werden. Denn nur bei einem völlig gesunden Hund können die Impfstoffe eine hohe Antikörperproduktion induzieren und damit einen ausreichenden Impfschutz gewährleisten. Entwurmungen wirken übrigens nur dann zuverlässig, wenn alle in einem Haushalt lebenden Tiere (zum Beispiel auch Katzen) gleichzeitig behandelt werden.

hält die Krankheitserreger ausreichend in Schach, sodass diese keinen Schaden anrichten können.

Selbst bei Junghunden, die ausschließlich mit Rohfutter ernährt werden (bei dem zweifellos mehr Erreger aufgenommen werden als bei hitzebehandeltem Futter), konnte anhand von Kotproben keinerlei erhöhter Befall im Vergleich zu ihren mit Fertigfutter ernährten Artgenossen festgestellt werden. Man vermutet, dass deren – gerade durch diese spezielle Ernährungsweise induzierte – deutlich erhöhte Salzsäure-Produktion im Magen maßgeblich daran beteiligt ist. Denn Magensäure ist der größte Widersacher dieser Darmschmarotzer. Die Gefahr eines Darmparasitenbefalls als Argument gegen eine Ernährung mit rohen Futtermitteln anzuführen, ist demzufolge nicht haltbar.

Zecken und Flöhe

Schon die Kleinsten können sich bei ihren kurzen Exkursionen im Freien diese unliebsamen und gefährlichen Blutsauger einfangen. Da sowohl Zecken als auch Flöhe in der Lage sind, gefährliche Krankheiten auf Mensch und Tier zu übertragen, gilt es einem (massiven) Befall rechtzeitig vorzubeugen. Am wirkungsvollsten geschieht dies mit sogenannten Spot-on-Präparaten, die in kurzen Intervallen von vier bis acht Wochen auf die Haut des Hundes geträufelt werden. Bereits bei einem Welpen darf man diese Produkte anwenden. Allerdings sollte man sich bei der Applikation genau an die Dosierungsanweisungen halten.

Auch wasserresistente Halsbänder können zur effektiven Ektoparasiten-Abwehr dienen, müssen aber – ist keine Sollbruchstelle vorhanden – vor jedem Schwimmen abgenommen werden. Das ist natürlich weniger praktisch, wenn Sie einen wassernärrischen kleinen Vierbeiner Ihr Eigen nennen. Heilkräuter und ätherische Öle wirken, wenn überhaupt, nur bei sehr geringem Parasitendruck. Von hoch dosierten Knoblauchpräparaten ist wegen der Gesundheitsgefahren für den Hund sogar völlig abzuraten.

> **Wussten Sie's?**
> Winzige schwarze Krümel auf der Haut Ihres Hundes, die sich mit etwas Wasser zu einer blutfarbenen Flüssigkeit zerreiben lassen, deuten auf Flohkot und somit auf einen Befall mit Flöhen hin. Da Flöhe Zwischenwirte eines auch auf den Menschen übertragbaren Endoparasiten (und zwar des Kürbiskern-Bandwurmes *Dipylidium caninum*) sind, ist es bei Befall ratsam, mit dem Vierbeiner eine Entwurmung durchzuführen.

Das gewissenhafte Absammeln aus dem Fell – in diesem Fall der Zecken – kann nur genügend Abhilfe schaffen, wenn wenige dieser Plagegeister in der Natur vorhanden sind. Nützlich ist es auf alle Fälle, wenn Sie Ihren Kleinen nach jedem Gassi-Gang gründlich nach Zecken absuchen und diese rasch entfernen, entweder durch Auskämmen mit einem sogenannten Staubkamm (also einem sehr feinzinkigen Kämmchen) oder, hat sich eine Zecke bereits festgesetzt, durch rasches Entfernen mit einer Zeckenzange oder einem Zeckenhaken. Die Zecke darf dabei keinesfalls zerquetscht werden!

Bei einem Flohbefall findet man im Fell meist nur den Kot und gegebenenfalls die Eier der Parasiten. Die Flöhe selbst zeigen sich sehr selten. Denn sie finden sich immer nur kurzzeitig zum Blutsaugen auf dem Hund ein und verbringen die übrige Zeit am liebsten in einer trockenen, warmen Umgebung. Das ist auch der Grund, weshalb man bei einem Flohbefall nicht nur den Hund, sondern auch sein Umfeld gezielt behandeln muss. Welche Maßnahmen und Mittel sich im Einzelfall eignen, besprechen Sie bitte mit Ihrem Tierarzt.

Schutz vor Nässe, Kälte und Hitze

Reiben Sie Ihren Welpen nach einem Regenspaziergang gründlich mit einem Frotteehandtuch trocken. Tun Sie es am besten „mit dem Strich" übers Fell. Rubbeln Sie nämlich entgegen der Wuchsrichtung der Haare, kann die Nässe erst richtig bis zur Haut vordringen, sodass Ihr kleiner Vierbeiner bald zu frösteln beginnt. Das Welpenfell mit seinem weichen Flaum ist deutlich weniger nässeabweisend als das Haarkleid eines erwachsenen Hundes.

Damit langes Haar an den Pfoten, Läufen und am Unterbauch im Winter bei Pappschnee nicht zu harten, eisigen Klumpen gefriert und dem kleinen Hund beim Auftreten Schmerzen bereitet, bietet es sich an, sein Fell mit Melkfett einzureiben, bevor man ins Freie startet. Dazu cremen Sie Ihre Handflächen mit dem Fett ein und verteilen es nicht zu üppig auf dem Haarkleid des Hundes.

Werfen Sie bitte keine Schneebälle zum Spielen. Ihr kleiner Vierbeiner kann starke Bauchschmerzen bekommen, wenn er zu viel von dieser eisigen Kost aufnimmt. Denn mit seiner Einsicht, den Schnee deswegen nicht in sich hineinzufuttern, dürfen Sie nicht rechnen.

Lassen Sie Ihren Kleinen auch nicht nass im Kalten warten und ihn schon gar nicht dort abliegen. Schwere Erkältungskrankheiten im Welpenalter werden meist durch derartige Eskapaden verursacht. Gerade bei weiblichen Tieren ist bei zu langem Aufenthalt draußen in der Kälte eine Harnblasenentzündung nicht unwahrscheinlich. Dazu brauchen die jungen Hündinnen nicht einmal klitschnass zu sein. Nehmen Sie darauf bitte Rücksicht! Warmlaufen heißt daher die Devise!

Genau anders verhält es sich beim Aufenthalt im Freien bei großer Hitze und Schwüle. Bei dieser Wetterlage sollten junge Hunde möglichst wenig toben. Denn solch ein kleiner Körper kühlt nicht nur rasch aus, er überhitzt auch schnell. Beginnt Ihr Welpe heftig zu hecheln, drängen Sie ihn nicht weiterzulaufen. Bringen Sie in rasch in den Schatten und ver-

53

Ein Aufenthalt im Schnee ist spannend und ein herrlicher Zeitvertreib – auch für den Welpen. Nur zu lange darf er nicht dauern, damit sein kleiner Körper nicht auszukühlen beginnt.

schaffen ihm so Abkühlung. Bieten Sie auch Trinkwasser an! Vielleicht gibt es sogar einen Bach in der Nähe, durch den er gefahrlos waten kann, um sich abzukühlen.

Für Autofahrten bei hohen Außentemperaturen hat sich das feuchte T-Shirt bewährt: Ziehen Sie eines Ihrer alten T-Shirts kräftig durchs Wasser, wringen es mäßig aus und streifen es Ihrem kleinen Hund über. Die entstehende Verdunstungskälte macht für ihn die Fahrt bedeutend angenehmer.

Durchfall vorbeugen

Viel schneller als erwachsene Hunde werden Welpen von Magen-Darm-Erkrankungen heimgesucht. Sei dies nun, weil sie Schnee gefressen haben oder sonst etwas Unbekömmliches oder weil ihr Immunsystem durch das Wachstum, den Zahnwechsel oder einfach durch die vielen neuen Eindrücke momentan etwas überfordert ist.

Meist äußerst sich das Unbehagen in Form von leichtem Durchfall. Mit den richtigen Maßnahmen und einigen Hausmitteln (siehe nächste Seite) ist es in der Regel getan. Ist der Durchfall jedoch heftig oder bessert er sich durch die Behandlung nicht innerhalb von 24 Stunden deutlich, erbricht der kleine Vierbeiner womöglich oder hat er sogar Brechdurchfall, sollten Sie sofort den Tierarzt aufsuchen. Denn gerade im Welpenalter können derartige Symptome rasch zu einem lebensbedrohenden Flüssigkeitsverlust führen.

Das hilft gegen leichten Durchfall

■■ **Schonkost: Hühnchen mit Reis**
Reichlich Wasser leicht salzen und den Reis darin sehr weich kochen. Das Hühnchenfleisch in wenig Wasser dünsten und klein schneiden oder pürieren. Beides gut miteinander vermengen. Mindestens viermal täglich, besser sechsmal, jeweils kleine Mengen davon füttern.

■■ **Brombeeren**
Die Brombeeren fein pürieren. Nicht mehr als eine kleine Handvoll frische Früchte pro Tag für den Welpen verwenden.

■■ **Äpfel**
Die Äpfel fein pürieren. Ein kleiner Apfel täglich ist ausreichend für den Welpen.

■■ **Schwarztee**
Nicht mehr als eine Espressotasse voll löffelweise über den Tag verteilt geben. Stets den zweiten Aufguss nehmen und diesen mindestens 15 Minuten ziehen lassen!

■■ **Karottensaft**
Eine Teetasse voll löffelweise über den Tag verteilt anbieten.

Dieses winzige Geschöpf bedarf ihrer Fürsorge und Vorsorge in besonderem Maße – überbehüten sollten Sie Ihren kleinen Schutzbefohlenen dennoch keinesfalls.

Krankheitsanzeichen erkennen

Wenn Sie Ihren Kleinen aufmerksam beobachten, werden Ihnen Abweichungen vom Normalverhalten rasch auffallen. Kleine Unpässlichkeiten wie ein einmaliger leichter Durchfall oder eine mehrstündige Lustlosigkeit und Abgeschlagenheit zum Beispiel im Anschluss an eine Welpenstunde sind kein Grund zur Besorgnis.

Treten jedoch die nachfolgend aufgeführten Symptome auf, ist schnelles Handeln unabdingbar. Denn gerade beim sehr jungen Hund mit seinen noch spärlichen Reserven und der deutlich geringeren Belastbarkeit im Vergleich zu einem erwachsenen Tier können einzelne dieser Krankheitssymptome rasch ernste, ja lebensbedrohliche Ausmaße annehmen. Bagatellisieren kann schwerwiegende Folgen haben. Besser ist es daher, einmal zu oft zum Tierarzt zu gehen, als ein einziges Mal zu wenig.

Die häufigsten Krankheitssymptome, bei denen ein Tierarztbesuch angezeigt ist, sind
- wiederholtes Erbrechen;
- wiederholter starker Durchfall (schaumig, übel riechend, möglicherweise sogar blutig);
- Appetitlosigkeit über mehr als zwölf Stunden;
- Abmagerung (trotz Heißhungers);
- tagelange Abgeschlagenheit (keine Spiellust bis Teilnahmslosigkeit);
- stumpfes, sprödes Haarkleid, eventuell schuppig und mit kahlen Stellen;
- starker Husten;
- heftig tränende, gerötete Augen;
- verschleimte Nase;
- dicke, bräunlich schwarze, übel riechende Beläge in den äußeren Gehörgängen;
- deutlich vermehrte Trinkwasseraufnahme (unabhängig von der Witterung und eventueller Trockenfutteraufnahme);
- auffallend häufige Abgabe von Harn, auch kleiner Mengen, die möglicherweise sogar Blut enthalten.

Tipp
Für den Notfall sollten Sie immer die Telefonnummer Ihres Tierarztes parat haben. Sie gehört auch in Ihr Portemonnaie.

Grundsätzlich sollten Sie Ihren Hund regelmäßig dem Tierarzt zu Vorsorgeuntersuchungen vorstellen. Während des Heranwachsens planen Sie am besten alle vier Monate einen Termin ein – geschickt ist es, die Untersuchungen mit den ohnehin anstehenden Impfterminen für die Grundimmunisierung abzustimmen.

Es wird ernst –
die spannende Zeit beginnt

Der große Tag ist endlich gekommen: Sie fahren zum Züchter, um Ihren Welpen abzuholen. Nehmen Sie einen Chauffeur mit, damit Sie sich während der Heimfahrt voll und ganz auf den Kleinen konzentrieren und sich selbst um ihn kümmern können. Wenn Sie die Abholung so terminieren, dass die Rückkehr auf die frühen Nachmittagsstunden fällt, haben Sie noch genügend Zeit, Ihrem neuen Familienmitglied vor dem Schlafengehen ein bisschen von seinem neuen Zuhause zu zeigen.

Denken Sie bei der Reise auch an Trinkwasser, einen Wassernapf, eine warme Decke und saugfähige Tücher.

Ein paar Formalitäten

Vom Züchter bekommen Sie einen Kaufvertrag sowie die Ahnentafel, also den Stammbaum (Pedigree) Ihres Hundes. In diesem Abstammungsnachweis sind die letzten vier bis fünf Generationen aufgelistet, außerdem die Röntgenuntersuchungsergebnisse der einzelnen Tiere, ebenso eventuelle

Von den vielen neuen Eindrücken noch etwas eingeschüchtert, braucht der Welpe am Abholtag besondere Aufmerksamkeit. Ist zu Hause alles gut vorbereitet, wird er seine Kinderstube aber bestimmt nicht vermissen.

Tipp
Es empfiehlt sich, die
Microchip-Nummer beim
Haustierzentralregister er-
fassen zu lassen, denn dies
ermöglicht die zweifelsfreie
Identifizierung des Hundes
(zum Beispiel im Falle eines
Verlustes) sowie die rasche
Ermittlung seines Besit-
zers. Die Adresse finden Sie
im Anhang dieses Buches.
Auch der Abschluss einer
Hundehaftpflichtversiche-
rung ist dringend zu emp-
fehlen; in vielen Hunde-
schulen ist sie ohnehin
verpflichtend für die Teilnahme an der Ausbildung.

Schautitel oder zum Beispiel Arbeitsleistun-
gen. Die offiziellen Namen und die Mikro-
chip-Nummern Ihres Welpen und seiner Geschwister sind darin ebenfalls vermerkt.

Sein internationaler Impfpass mit den Ein-
tragungen der bereits vorgenommenen In-
jektionen und die Termine für die in Kürze
anstehenden Impfungen und Wurmkuren
werden Ihnen ebenfalls ausgehändigt. Nützlich kann auch sein, sich danach zu erkundigen, welche Präparate zur regelmäßigen Entwurmung des Welpen eingesetzt wurden oder
zur weiteren Behandlung empfohlen werden.
Damit der junge Hund nicht bereits in den
ersten Tagen im neuen Heim eine Futterum-
stellung mitmachen muss, bekommen Sie gewöhnlich etwas Welpenfutter einschließlich
der Dosierungsanweisungen und Angaben zu
den gewohnten Fütterungszeiten mit nach
Hause.

Auf der Fahrt nach Hause

Der Welpe hat am Abreisetag vom
Züchter keine oder nur eine kleine
Mahlzeit erhalten. Füttern auch Sie
ihn während der Fahrt nicht, damit
er sich nicht übergeben muss und
dadurch schlechte Erfahrungen mit
dem Autofahren macht. Sollte dies
wider Erwarten doch passieren, wischen Sie alles weg und machen Sie
kein Drama daraus. Es gibt Hunde,
die im Welpenalter regelmäßig heftig speicheln und sogar erbrechen,
wenn sie in einem Auto mitfah-
ren. Dies geschieht nicht aus Angst
vor dem Autofahren, sondern ausschließlich deshalb, weil ihnen ihr
Gleichgewichtsorgan übel mitspielt.
Während Ängstlichkeit im Auto
durch liebevoll-konsequente Erzie-
hungsmaßnahmen schnell in den
Griff zu bekommen ist (siehe S. 60),

*Bei der Abholung vom Züchter ist Ihr
Welpe gechippt bzw. tätowiert, geimpft,
mehrmals entwurmt und tierärztlich
untersucht wie dieser kleine Parson
Russell Terrier.*

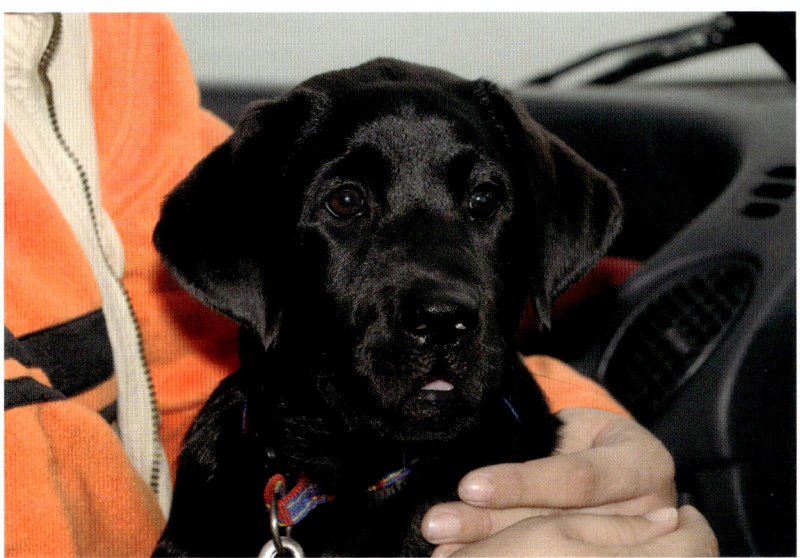

Begeistert schließt der Welpe sich seinem neuen Rudelführer an. Was wird ihn Spannendes in seiner Zukunft erwarten?

ist die Reisekrankheit oft nur mit Medikamenten therapierbar, bis sie beim Junghund oder spätestens im frühen Erwachsenenalter meist von selbst wieder verschwindet.

Spielen Sie vor Antritt der Fahrt ausgiebig mit Ihrem Hund. So wird er bald müde werden und die meiste Zeit ruhig schlafen. Sollte er sich doch nervös zeigen, machen Sie eine kurze Rast und spielen mit ihm. Vielleicht löst er sich sogar. Wenn er sich ein wenig ausgetobt hat, setzen Sie Ihre Heimfahrt fort.

Sollte Ihr Kleiner zu denjenigen Welpen zählen, die das Autofahren (ohne Übelkeit oder Brechreiz zu empfinden) noch nicht sonderlich mögen und während der gesamten Fahrt ein herzzerreißendes Wehklagen von sich geben, bedauern Sie ihn nicht. Ignorieren Sie sein Verhalten möglichst lange, selbst wenn es Ihnen in dieser Situation unangemessen gefühlskalt erscheint. Er könnte sich sonst daran gewöhnen, auf diese Weise bemutternde Fürsorge von Ihnen zu erhalten. Machen Sie ihn auch nicht auf Umgebungsreize aufmerksam, um ihn abzulenken. Er braucht sich nicht für alles zu interessieren. Immerhin bedeutet Autofahren – jetzt wie später – ruhiges Abwarten, bis das Fahrtziel erreicht ist.

> **Tipp**
> Als Mittel gegen Übelkeit und Brechreiz eignen sich für Hunde zum Beispiel die Bach-Blütenessenz Nux vomica C30 (10 Globuli etwa 15 Minuten vor Fahrtbeginn gegeben) und, in schlimmen Fällen, sogenannte MCP-Tropfen (1 bis maximal 2 Tropfen pro Welpe). Beides bekommen Sie in der Apotheke.

Ein Hund muss unbedingt lernen zu warten, bis er schließlich nach Aufforderung aus dem Auto springen darf.

Auch das Aussteigen aus dem Auto muss richtig gelernt werden. Denn gerade hierbei ist das Warten eine wichtige Lektion auf dem Stundenplan. Ein Welpe darf ohnehin – im wahrsten Sinne des Wortes – keine großen Sprünge machen. Heben Sie ihn deshalb, so lange wie es möglich ist, aus dem Auto heraus und auch hinein, um seine Gelenke und Bänder zu schonen. Aber auch als Erwachsener sollte Ihr Hund nie ohne Aufforderung aus dem Fahrzeug springen, selbst wenn ihn draußen noch so Spannendes erwartet. Er könnte sonst sich und andere in Gefahr bringen.

Info

Angst vorm Autofahren?
Hier finden Sie einige Tipps, um dem Welpen die Furcht vor dem Autofahren zu nehmen.
So kommen Sie schrittweise zum Ziel:
• Setzen Sie sich zusammen mit ihm auf die Rückbank oder auf die Ladefläche, während das Fahrzeug parkt.
• Füttern Sie den Kleinen im Fahrzeug und spielen Sie dort miteinander, solange der Motor nicht läuft.
• Wenn alles klappt, spielen Sie mit ihm und füttern Sie ihn bei laufendem Motor.
• Fahren Sie anfangs nur möglichst kurze Strecken.
• Achten Sie darauf, dass am Ende der Fahrt etwas Angenehmes auf ihn wartet, damit er Autofahren mit etwas Positivem verknüpft.
Bei allem, was Sie tun: Bedauern Sie den Welpen nicht und verhalten Sie sich selbst ruhig und gelassen, sonst wird er misstrauisch.

Daheim angekommen

Sind Sie zu Hause angelangt, bringen Sie Ihren Welpen als Erstes in den Garten oder in der Nähe des Hauses an seinen künftigen Löseplatz und ermuntern ihn dort mir Ihrem Zauberwort (wie zum Beispiel „Mach schnell!") dazu, sein Geschäft zu erledigen. Sollte er noch mit Schnuppern beschäftigt sein, haben Sie Geduld! Das Warten wird sich lohnen.

Ist es schließlich so weit, loben Sie ihn sogleich in den allerhöchsten Tönen (zum Beispiel „So ist's fein!") und signalisieren Sie damit Ihre Zustimmung. Zeigen Sie Ihrem kleinen Vierbeiner durch Ihre Freude unmissverständlich, dass es genau das ist, was Sie von ihm erwartet haben.

Je nach Jahres- oder Tageszeit lassen Sie Ihrem Neuzugang draußen noch ein wenig Zeit, um seine Neugier zu stillen, bevor Sie ihn wieder auf den Arm nehmen und ins Haus tragen. Dort soll er nun Gelegenheit bekommen, nach Herzenslust alles zu erkunden und zu beschnüffeln.

Spielregeln vom ersten Tag an

Denken Sie aber daran: Schon am ersten Tag darf der Welpe nur das tun, was ihm auch später erlaubt sein wird. Klare Spielregeln von Anfang an schaffen Eindeutigkeit und damit Sicherheit. Bedingung hierfür ist, dass Sie permanent ein Auge auf Ihren kleinen Racker haben. Sollte er beispielsweise an den Teppichfransen knabbern wollen, verbieten Sie es sofort. Dazu genügt ein ruhiges und in tiefer Stimmlage gesprochenes, kurzes „Nein". Grob oder ausfallend zu werden ist nicht nötig, weder beim Welpen noch bei einem Junghund oder erwachsenen Tier. Ihr Ziel ist es ja, eine Verständigung auf freundschaftlicher Basis aufzubauen.

Wiederholen Sie Ihr Verbot konsequent, wann immer Ihr Kleiner erneut zu der unerlaubten Tat schreiten will. Haben Sie ihn vorerst dauernd im Blick, werden Sie auch prompt reagieren können, um Ihre Maßregelung

Bei der Ankunft des kleinen Hundekindes sollte kein unnötiger Trubel im Haus herrschen. Der große Besuch kommt besser erst in ein paar Tagen zum Bewundern.

Tipp
Für den Aufbau einer vertrauensvollen Bindung ist es besonders günstig, wenn sich in den ersten Stunden und Tagen nur ein und dieselbe Bezugsperson dem Welpen annimmt. Die anderen Familienmitglieder können später immer noch die eingespielten Rituale mit ihm durchführen.

bereits im Vorfeld der missbilligten Aktion auszusprechen, und nicht erst, wenn er schon mit genüsslichem Nagen beschäftigt ist. Selbstverständlich können Sie dann Ihr „Nein" immer noch ertönen lassen. Schneller und nachhaltiger ist der Lerneffekt jedoch, wenn es schon kurz zuvor geschieht. Lässt er sogleich von seinem Vorhaben ab, loben Sie ihn gebührend.

So wird er am schnellsten stubenrein

Sofern Sie dem Verhalten Ihres kleinen Welpen in den ersten Stunden im neuen Daheim genügend Aufmerksamkeit schenken, werden Sie auf Anhieb feststellen, wenn er erneut ins Freie muss. Beachten Sie seine fast unmerklichen Signale und glauben Sie ihm immer, auch wenn er erst vor zehn Minuten draußen war! Läuft er unstet und mit der Nase am Boden suchend im Zimmer umher, muss es jetzt sein!

Nehmen Sie ihn nun flugs – aber ohne jegliche Hast, die ihn verunsichern würde – auf den Arm und tragen ihn auf dem kürzesten Weg nach draußen. So geht bestimmt nichts daneben. Wenn Sie ihn die Strecke zum Löseplatz hingegen selbst marschieren lassen, ist nicht ausgeschlossen, dass er unterwegs bereits die nasse Last verliert. Seinen Blasenschließmuskel hat er beim Trippeln nämlich schlechter unter Kontrolle, als wenn er auf Ihrem Arm sitzt.

Wo immer er seine Geschäftchen verrichtet, ob im heimischen Garten oder draußen auf der Wiese: Löst sich der kleine Kerl, wird stets tüchtig gelobt.

Ein Spielzeug und einige Leckerchen auf die Gassirunden mitzunehmen ist selbstverständlich. Genauso selbstverständlich sollte es sein, eine Fiffi-Tüte dabei zu haben, um das große Geschäftchen des Welpen aufzusammeln.

Wird Ihr Kleiner nachts wach und jammert, gilt dasselbe: schnell hochnehmen und raus ins Freie. Hat er sein Geschäftchen dort brav erledigt, geht es (anders als tagsüber) gleich wieder zurück an den Schlafplatz. Gespielt und ausgiebig geschmust wird zu dieser Tageszeit nämlich nicht. Sonst gewöhnt er sich daran, Sie nachts zu wecken, um Gesellschaft zu haben.

Während des Tages sollten Sie sich allerdings zur Regel machen, Ihren Kleinen nicht immer sofort wieder unter den Arm zu klemmen und ins Haus zurückzubringen, nachdem er sich gelöst hat. Er käme womöglich auf die Idee, die Abgabe seiner festen und flüssigen Geschäfte immer länger hinauszuzögern, um noch eine Weile draußen bleiben zu dürfen. Denn Welpen sind ganz schön clever. Schließen Sie unmittelbar ans Notdurft-Verrichten deshalb hin und wieder eine gemeinsame Spielrunde an oder lassen Sie Ihren Hund nach Herzenslust schnüffeln und seine kleine Welt erkunden. Vielleicht löst er sich währenddessen spontan ein zweites Mal. Dafür ist dann ein ordentliches Lob fällig.

Wenn Sie seine Anzeichen stets zur Kenntnis nehmen und ihn in den ersten Tagen zudem regelmäßig ungefähr jede Stunde nach draußen bringen, außerdem nach jeder Mahlzeit, jedem ausgelassenen Spiel und nach dem Erwachen aus einem Nickerchen, werden sich seine kleinen Missgeschicke bestimmt in Grenzen halten und Ihr neues Familienmitglied ist in wenigen Wochen stubenrein. Dennoch sind kleine Pfützen im Haus nicht völlig ausgeschlossen – selbst, wenn der Welpe unstrittig weiß, wo er seine Geschäfte zu verrichten hat.

Wichtig!
Dem Hundekind die empfindliche Nase ins feuchte Malheur zu stoßen, ist absolut kontraproduktiv und muss unbedingt unterlassen werden. Stattdessen sollte der Zweibeiner im Falle eines Missgeschicks lieber überlegen, welche Signale seines Tieres er übersehen hat und künftig genauer hinschauen.

Aus momentaner Ängstlichkeit heraus oder als Unterwerfungsgeste können hin und wieder ein paar Tröpfchen unkontrolliert seine Blase verlassen, ebenso, wenn er sich riesig freut. Nicht schimpfen, heißt es nun, stattdessen wegwischen und das nächste Mal die Auslösesituation weniger aufregend gestalten. Mit zunehmender Reife des Welpen verliert sich dieses Verhalten meist von selbst.

Die ersten Nächte

Immer wieder wird von Welpen berichtet, die vom ersten Tag an im neuen Zuhause nachts durchschlafen und erst frühmorgens lautstark verlangen, nach draußen gelassen zu werden. Die Mehrzahl der kleinen Hunde wird jedoch nachts hin und wieder unruhig und muss dringend raus. Die Unruhe äußert sich meistens in Form eines drängenden, leisen Fiepens und ist natürlich am sichersten zu erkennen, wenn der Welpe im Schlafzimmer untergebracht ist, am besten dicht neben dem Bett.

Überhaupt ist es keine Verzärtelung, wenn man seinen vierbeinigen Winzling speziell in der ersten Nacht, in der er zum ersten Mal von Mutter und Geschwistern getrennt schlafen muss, in unmittelbarer Nähe

Während des Traumschlafs herrscht im Gehirn des Welpen besonders lebhafte geistige Aktivität. Auch atmet der Kleine nun rascher und sein Herzchen pocht schneller.

Info

Welpen brauchen viel Schlaf ...

... und dies nicht nur, weil sie in diesem Alter noch nicht besonders ausdauernd sind und häufige Erholungspausen benötigen, sondern auch, weil im Schlaf Wachstumshormone abgesondert werden, die für die heranwachsenden Wesen besonders wichtig sind.

Und sie brauchen Schlaf, weil sie träumen müssen.

Denn bereits Welpen können träumen und tun es jetzt besonders intensiv und lange – viel länger als später, wenn sie erwachsen sind. Dann träumen sie mit den Jahren immer seltener. Beim Hundesenior machen Traumzeiten weniger als 15 Prozent seiner Gesamtschlafdauer aus, beim Welpen sind es mehr als die Hälfte. Während ihres Traumschlafs schmatzen, knurren, wuffen sie und wedeln mit ihrer Rute, machen Laufbewegungen mit den Pfoten, zucken mit den Beinen und offenbaren ein auffälliges Mienenspiel. Darüber hinaus zeigen sie die für diese Schlafphase (der sogenannte REM-Schlaf) so typischen Bewegungen der Augen, bei denen sich die Augäpfel rasch synchron hin und her bewegen (REM steht für rapid eye movement, also schnelle Augenbewegung). Man erkennt dies sehr gut, obwohl der Vierbeiner die Augenlider dabei geschlossen hält. Einen Hund permanent aus solchen augenscheinlich aufregenden Schlafphasen zu wecken, schadet seiner Gesundheit erheblich. Beim Welpen kann ein Mangel an REM-Schlafphasen sogar zu Entwicklungsstörungen auf zentralnervöser Ebene führen. Denn der REM-Schlaf fördert das Gehirnwachstum, außerdem ist er wichtig für die geistige Entwicklung des kleinen Hundebabys und für sein Wohlbefinden.

Mag es auch ein auffälliges Gebaren sein, das er da an den Tag legt: Es geht Ihrem Hund gut dabei. Stören Sie ihn deshalb jetzt bitte nicht!

zur Ruhe bettet – nicht nur, weil es so einfacher ist, sein Wachwerden wahrzunehmen und sofort darauf zu reagieren, sondern auch, weil es seiner Psyche gut tut. Ein Korb oder Karton mit hohem Rand, aus dem der Kleine noch nicht aus eigener Kraft herausklettern kann, eignet sich jetzt ausgezeichnet als Bettstatt. Ausgelegt mit einem Kissen und der mollig weichen Decke, die Sie aus seinem alten Zuhause mitgebracht haben, wird er sich dort mit Sicherheit pudelwohl fühlen.

Sobald er stubenrein ist und die ganze Nacht durchschläft, kann Ihr Hund immer noch seinen endgültigen Schlafplatz beziehen. Sie brauchen keine Bedenken zu haben, dass er zeitlebens in Ihrem Schlafzimmer übernachten wird, wenn Sie ihn in den ersten Wochen dort schlafen lassen. Im Gegenteil: Er wird viel rascher Vertrauen zu Ihnen gewinnen und dabei Selbstsicherheit entwickeln können, wenn Sie ihn gerade in diesen ersten Nächten nicht allein in einen separaten Raum verbannen, wo er sich wirklich einsam und verlassen vorkäme.

Mit viel Spielzeug allein ist es nicht getan. Der Welpe braucht Sie, um es zum Leben zu erwecken und mitzuspielen.

Der Name des Welpen

Einen Namen haben Sie für Ihren Welpen sicher längst ausgesucht. Setzen Sie ihn schon in den ersten Stunden im neuen Zuhause ein, so oft es geht, damit er dem Kleinen geläufig wird und er lernt: Ich bin gemeint.

Mit „oft" ist hier aber nur eine angemessene Wiederholung gemeint. Denn Sie sollen Ihren kleinen Hund schließlich nicht mit Dauergerede überschütten, das er bald komplett ausblenden würde. Dies wäre die schlechteste Ausgangssituation für eine erfolgreiche Kommunikation mit ihm.

Außerdem soll er dieses Wort mit etwas Positivem verknüpfen. Ihm soll klar werden, dass etwas Angenehmes folgt, sobald er es hört, wie zum Beispiel ein gemeinsames Spiel mit Ihnen. Hierzu können Sie ganz einfach beitragen. Rufen Sie seinen Namen immer nur liebevoll, in freundlichem Tonfall, mit heller, herzlicher Stimme und stets nur im Zusammenhang mit einem Lob, also zum Beispiel „Momo! So ist's fein, Momo!", aber niemals mit Tadel wie etwa: „Nein, Momo!". Stecken Sie ihm gelegentlich ein Leckerchen zu, wenn er sich für das interessiert, was Sie ihm sagen.

Einander verstehen lernen

Damit Ihr Welpe versteht, was Sie von ihm erwarten, und von der ersten Minute an weiß, dass er Ihnen vertrauen und sich jederzeit auf Sie verlassen kann, müssen Sie sich ihm hundegerecht mitteilen. Hier bedarf es Konsequenz ebenso wie einer eindeutigen und unmissverständlichen Ausdrucksweise.

Zugegeben, es ist nicht ganz unwichtig, was Sie sagen. Viel bedeutender für Ihren Vierbeiner ist es jedoch, wie Sie es sagen beziehungsweise wie Sie etwas tun. Hunde kommunizieren bekanntlich weniger verbal als vielmehr über die Körpersprache. Und genau dort liegt die Schwierigkeit bei der Interaktion. Wir achten oft überhaupt nicht auf unser Verhalten, unsere Gesten und unsere Mimik, wenn wir uns mitteilen – zumindest nicht bewusst. Wir sollten es aber tun, nicht nur, wenn wir reden, sondern auch dann, wenn wir es nicht tun, allein der Beziehung zu unserem Hund zuliebe.

Nehmen wir an, Sie stehen mit Ihrem Welpen an einem Bachlauf vor einer Holzbrücke mit schwankenden Bohlen, die zudem den Blick nach unten freigeben. Er traut sich keinen Schritt weiter und bleibt minutenlang wie versteinert stehen. Wie vermitteln Sie ihm Ihre Absichten „Wir gehen jetzt hier hinüber, du brauchst aber keine Angst zu haben, dass dir dabei etwas passiert."? Bestimmt nicht dadurch, dass Sie eben diese Worte sprechen. Der Kleine würde Sie bestenfalls fragend anschauen. Sicher

Gemeinsam „Gefahren" meistern: Der Nachfolgetrieb des Welpen ist anfangs riesengroß. Nutzen Sie das! Und loben Sie ihn jedes Mal gebührend für sein Verhalten.

auch nicht, indem Sie ihn an der Leine vorwärtszerren oder ihn „anschieben". Auf den Arm nehmen und tragen, wäre auch kein Lösungsweg von Dauer. Was also tun? Dies vielleicht?

Mensch: Schaut den Welpen freundlich an, spricht herzlich-auffordernd, in hoher Stimmlage, aber nicht zu laut mit ihm: „Momo! Auf geht's!".

Welpe: Wendet sich dem Menschen zu, wedelt verhalten.

Mensch: Freudig lobend, mit hoher Stimme: „Fein, Momo, fein!"; weist in minimal abgeduckter Körperhaltung – mit dem Arm auf Kniehöhe – mehrmals sacht lockend in die einzuschlagende Richtung, macht mit den Fingern Schnalzgeräusche.

Welpe: Schaut interessiert abwechselnd in die Augen des Menschen und auf seine Arm- und Fingerbewegungen.

Mensch: Bestätigend lobend: „Fein, Momo, fein!"; macht mitreißende Trippelschritte und sanfte Oberkörperbewegungen in die einzuschlagende Richtung; klopft animierend, die Bewegungen des Kleinen damit regelrecht an sich ziehend, an seinen Oberschenkel.

Welpe: Folgt zögernd ein Stückchen, den Körper noch etwas flach, die Rute jedoch freudig wedelnd, seine Mundspalte formt sich allmählich zu einer Art Lächeln. („Ich schaffe es. Zusammen sind wir stark.").

Mensch: Begeistert bestätigend: „Fein, Momo, fein! So ist's fein!"; läuft aufrechter, freudig und etwas zügiger. („Wusste ich's doch. Ein Traum von einem Hund.")

Welpe: Sein Körper strafft sich, er schaut den Menschen an, seine Augen strahlen, er beeilt sich.

Mensch: Gibt dem Welpen, ohne den Schritt zu verlangsamen, ein Leckerchen.

Welpe: Futtert das Leckerchen und spurtet seinem Menschen über die unwegsame Strecke hinterher, überholt ihn am Ende gar.

Nur wenn sich der Welpe derart verängstigt zeigt wie in obigem Beispiel, sollten Sie ihm diese Art von Hilfestellung anbieten. Wesentlich besser für das Selbstwertgefühl und die Entwicklung seiner inneren Sicherheit ist es nämlich, wenn er es allein schaffen kann, seine Ängstlichkeit zu überwinden. Greifen Sie daher nicht zu früh ein. Beachten Sie seine Zurückhaltung zunächst einmal überhaupt nicht, sondern lassen Sie ihn eigene Anstrengungen unternehmen, sein Problem in den Griff zu bekommen und eine Lösung zu finden. Das stärkt sein Selbstvertrauen enorm.

Oft genügt es in solchen Situationen schon, den kleinen Vierbeiner gar nicht gezielt zum Weiterlaufen aufzufordern, sondern – ohne sich direkt um ihn zu bemühen – einfach zielstrebig seines Weges zu gehen und damit zu signalisieren: „Folge mir! Bei mir bist du sicher!" Sein Vertrauen in die Unfehlbarkeit seines tapferen menschlichen Begleiters wird ihm Mut machen, dessen Vorbild nachzueifern – und schon ist er wieder an Ihrer Seite.

Ihn in ähnlichen Konfliktsituationen zu bedauern, ihm tröstend den Kopf zu tätscheln oder in mitleidvollem Tonfall auf ihn einzureden, wäre hingegen keine gute Idee. Der kleine Hund würde unter vergleichbaren Umständen zunehmend mehr von Ihnen abhängig werden und Zuwendung einfordern.

Mein Welpe spricht mit mir

Nicht nur der Welpe soll das, was wir ihm mitzuteilen beabsichtigen, begreifen. Auch wir müssen lernen, ihn richtig zu lesen und seine Körpersprache zu verstehen. Was bedeutet es zum Beispiel, wenn er gähnt, sich kratzt, sich kurz über den Nasenschwamm leckt oder den Kopf abwendet, sobald man barsch mit ihm redet oder sich rasch auf ihn zubewegt? Mit diesen Signalen (man kennt sie auch unter der Bezeichnung „calming signals", also Beschwichtigungs-Gesten) möchte er uns freundlich stimmen und uns deutlich machen, wie unangenehm er den gegenwärtigen Zustand empfindet. Also gilt es, die Situation schnell zu entschärfen, indem man ruhiger und bedachter reagiert. Und siehe da: Schon macht der kleine Vierbeiner wieder freudig mit.

Jedoch sind es nicht allein derart augenfällige Stresssituationen, in denen solche Gesten zu beobachten sind. Hunde zeigen Signale der Überforderung zum Beispiel auch dann, wenn sie fortwährend mit einem

Diese junge Hündin ist etwas unsicher in dem fremden Gelände. Sie zeigt es durch das sogenannte Übersprungs-Lecken.

69

Dieser Welpe ist sich noch nicht im Klaren darüber, wie er die Situation bewerten soll. Der herabhängende „Lämmerschwanz" und seine Tendenz zurückzuweichen, zeugen von seiner leichten Ängstlichkeit.

unverständlichen Wortschwall überschüttet werden oder menschlichen Verhaltensweisen ausgesetzt sind, die aus Hundesicht eine Bedrohung darstellen können. Das „lobende" Tätscheln ihres Kopfes zählt dazu ebenso wie die bedrängende Umarmung beim „liebevollen" Schmusen. Dann überrascht es nicht, wenn Lernfortschritte ausbleiben und der Vierbeiner den Spaß am gemeinsamen Tun verliert.

Während Sie Ihren kleinen Welpen also mit lobenden Worten für sein korrektes Verhalten belohnen oder ihn durch unbekanntes, Angst einflößendes Terrain locken, achten Sie gleichzeitig auf seine Reaktionen. Gerät er infolge Ihrer ungestümen, lauten Herzlichkeit ganz aus dem Häuschen und überschlägt sich förmlich vor Begeisterung, mäßigen Sie sich sogleich ein bisschen und loben das nächste Mal etwas ruhiger. Zeigt er sich hingegen zögerlich, versuchen Sie ihn ruhig durch etwas mehr „Action", stärker aus der

„Hey, Frauchen: Ich habe mich ganz allein über den Felsblock getraut. Wie findest Du das?"

Reserve zu locken. Doch respektieren Sie stets sein Naturell und übertreiben Sie nichts!

Nur wenn Sie Ihrem jungen Hund seine Individualität zugestehen, auf seine Wesensveranlagungen Rücksicht nehmen und seine persönlichen Charakterzüge akzeptieren, werden Sie einen echten Zugang zu ihm finden und sozusagen auf gemeinsamer Wellenlänge agieren. Denn nur diese Art der Kommunikation kann Früchte tragen. Jede andere Form von Interaktion basiert auf purer Dominanz. Brauchen wir so etwas im Umgang mit unserem besten Freund?

Sie allein haben es in der Hand, was sich aus dem Rüstzeug, das Ihrem Kleinen in die Wiege gelegt wurde, in Zukunft entwickelt. Beweisen Sie Ihrem Umfeld, welch zuverlässiger Begleiter in Ihrem Vierbeiner steckt.

Grenzen zeigen

Um einem Hund Tabus zu vermitteln, bedarf es keiner Verbotsschreie oder körperlicher Züchtigung. Es geht auch auf die sanfte Tour und damit – zum Entsetzen der Verfechter antiquierter Drillmethoden – sogar meist wesentlich effektiver. Man muss sein Tier einfach nur sorgfältig beobachten und dann zeitnah handeln.

Dass ein bestimmtes Ereignis Folge seines Handelns ist, kann ein Hund nur erkennen, wenn es in enger zeitlicher Beziehung zur Tat steht. Mehr als zwei Sekunden dürfen nicht vergehen! Allein dies zeigt bereits, wie aussichtslos es beispielsweise ist, seinem Vierbeiner das Pinkeln im Haus abzugewöhnen, indem man ihn, hat sich die Lache schon großräumig auf dem Fußboden verteilt, ausschimpft und ihm womöglich seine Nase in die Pfütze stupst oder ihn wegen des bereits seit Stunden zernagten Stofftieres mit Schlägen traktiert. Alles, was man damit erreicht, ist Verunsicherung und Angst. Das ist keine gute Basis für eine vertrauensvolle Beziehung zwischen Hund und Mensch.

Viel angenehmer ist es, sich seinem kleinen Rutenwedler hundegerecht mitzuteilen, etwa so, wie er es vom Umgang mit seiner Mutter her kennt. Schon bei ihr hat er erfahren, was erlaubt ist und was nicht – für den tierischen Lebensbereich versteht sich. Nun gilt es, dies entsprechend auf den humanen Sektor auszudehnen.

Haben Sie schon einmal beobachtet, wie Hundemütter ihre Kinder kurzerhand zur Seite drängen oder (mitunter sogar ziemlich unsanft) wegstupsen, wenn ihnen deren Verhalten nicht passt oder die Kleinen ihnen im Wege stehen? Probieren Sie das doch auch einmal aus.

Den sogenannten Überschnauzgriff praktizieren Hundeeltern ebenfalls ab und an. Schnell und für einen kurzen Moment zugepackt, sodass die Zähne den widerborstigen Sprössling keinesfalls verletzen, fassen sie dabei von oben oder auch von der Seite über dessen Schnauze oder seinen Kopf.

71

Erfahren, was erlaubt ist: Spielerisch zeigt der Althund dem übermütigen Hundekind auf, was sich ziemt. Das frustriert das Kleine nicht, es gibt ihm vielmehr Sicherheit und wappnet es für die Zukunft.

Wussten Sie's?
Das reglementierende Über-die-Schnauze-Fassen hat übrigens nichts mit demjenigen Verhaltensmuster zu tun, das Hunde – hier meist erwachsene – untereinander an den Tag legen, wenn sie sich freundschaftlich liebkosen. Dieses Tun geht äußerst sanft, eher behutsam knabbernd vonstatten und dauert bedeutend länger.

Auch diese Art der Reglementierung können Sie im Notfall anwenden, aber bitte wirklich nur dann. Denn durch zu häufiges derartiges Zupacken können Sie Ihren Welpen schnell verunsichern, wenn nicht sogar verängstigen. Der Überschnauzgriff sollte daher die Ausnahme bleiben.

Zeigt sich Ihr kleiner Unruhestifter tatsächlich völlig unbelehrbar, nehmen Sie ihn kurzerhand auf den Arm und tragen ihn weg vom Geschehen. Packen Sie ihn dabei aber nicht am Nackenfell oder schütteln ihn womöglich durch. Tragen Sie ihn einfach ab (so nennt man das im Jagdjargon), um das Verhaltensmuster zu unterbrechen. In einigen Metern Entfernung – und wenn er brav in Ihren Armen verharrt hat – darf er sich wieder trollen. Verhält er sich jetzt wie gewünscht, erntet er sofort ein großes Lob.

Macht er allerdings auf dem Fuß kehrt und wendet sich wieder dem Verbotenen zu, gehen Sie ruhig zu ihm hin und klinken ihn erneut aus seiner Handlungskette aus. Sie brauchen kein lautes Wort zu verlieren; allein Ihre Entschlossenheit wird Ihrem Hund klarmachen, wer in Ihrer Beziehung den Ton angibt. Er wird sich schließlich fügen – nicht aus Furcht vor Ihnen, sondern aus Respekt.

Auch milde Strafaktionen, die der Welpe mit Ihnen nicht in Zusammenhang bringt, eignen sich, um ihm unerwünschtes Verhalten abzugewöhnen. Diese Methode ist aber eher schon für den etwas älteren Vierbeiner geeignet. Im Folgenden finden Sie einige Beispiele dafür.

- Da hindert ein Stapel Kissen oder ein unangenehm ziependes Doppelklebeband daran, auf Sofa oder Eckbank zu klettern;
- da lärmt das Schnitzel auf dem Küchentisch fürchterlich, wenn der Hund auch nur die Pfote danach ausstreckt, weil nun Aludosen oder Topfdeckel scheppernd herunterkrachen;
- da „explodiert" der Mülleimer, der mit einem Luftballon gegen den diebischen Vierbeiner präpariert war;
- da treffen den Hund, der immer noch nicht kapiert hat, dass Anspringen untersagt ist, ein paar Wasserspritzer aus der Wasserpistole und so weiter.

Wichtig!
Kennt der Hund seine Grenzen, die er nicht überschreiten darf, entsteht für ihn Freiheit, so merkwürdig dies klingt, weil innerhalb dieser Marken ein sicherer Rahmen entsteht, in dem er sich ungehemmt entfalten darf.

Ihrer Fantasie sind da (fast) keine Grenzen gesetzt.

Erwünschtes Verhalten richtig belohnen

Ob Ihr Welpe Sie fragend anschaut, aufmerksam beobachtet oder freudig auf Sie zugelaufen kommt, ob er ein Apportel vom Boden aufnimmt, um es Ihnen zu bringen, oder ein Häppchen behutsam aus Ihrer Hand entgegennimmt, anstatt danach zu grapschen, oder ob er Nachbars Katze unbehelligt passieren lässt, brav draußen pinkelt oder spontan am Tor auf Sie wartet: Es gibt tausend Gelegenheiten, Ihrem Hund zu zeigen, wie toll Sie das finden, was er gerade tut. Freuen Sie sich sogleich von ganzem Herzen mit ihm. Wenden Sie sich ihm zu und bestätigen Sie so sein Verhalten! Das bestärkt ihn, macht ihn sicher und es verbindet. Wenn Sie ihn beim Loben überdies mit seinem Namen ansprechen, versteht er im Handumdrehen, welche Verhaltensweisen Sie befürworten, und gleichzeitig, wie angenehm es ist, mit Ihnen zusammen zu sein.

Wenn Sie ihm überdies viel gemeinsame Beschäftigung und interessante Spiele anbieten, begreift er schnell, dass es sich lohnt, immer auf Sie zu achten. Denn mit Ihnen ist es vergnüglich und unterhaltsam. Ihr Kleiner braucht gar nicht erst zu erfahren, dass es auch Freuden ohne Sie gibt.

Voraussetzung dafür, dass Sie Ihren Welpen oft in seinem Tun bestärken können, ist, dass Sie vorausschauend handeln und ihn nach Möglichkeit überhaupt keine Fehler machen lassen, für die logischerweise keinerlei Belohnungen winken. Es gibt dann weder lobende Worte noch Streicheleinheiten, Leckerbissen oder gemeinsame Spiele, stattdessen womöglich ein schroffes „Nein".

Damit er nicht in Versuchung gerät, heißt dies konkret: Schuhe, die zernagt werden könnten, werden weggeräumt. Erlesene Gartenpflanzen, die ausgebuddelt werden könnten, werden eingezäunt. Lebensmittel, die **73**

Der Blickkontakt ist das A und O für eine erfolgreiche Verständigung zwischen Hund und Mensch. Schon den Welpen kann man damit kinderleicht auf sich konzentrieren und ihn zum freudigen Mitmachen animieren.

der Kleine stibitzen könnte, bekommen ihren Platz im obersten Regal und so weiter. Diese Maßnahmen brauchen Sie selbstverständlich nicht für alle Zeit beizubehalten. Ein Welpe ist außerordentlich lernfähig und begreift (sofern man sich darum bemüht) überraschend schnell, sodass alles nach und nach wieder seinen angestammten Platz einnehmen kann. Doch zunächst geht Sicherheit vor.

Bei einem gut eingespielten Mensch-Hund-Team genügt zur Vereitelung einer Missetat mitunter schon, dass der Zweibeiner seine Miene verzieht, sich räuspert oder ein anderes Geräusch ertönen lässt, sobald der Vierbeiner etwas Unerwünschtes plant. Schließlich haben es beide zwischenzeitlich gelernt, sich richtig zu lesen.

Erfolg verspricht auch, den Hund in derlei Situationen freundlich auffordernd beim Namen zu nennen, um ihn auf sich aufmerksam zu machen. Seine Konzentration wird um- und der Vierbeiner gleichzeitig von seinem Vorhaben abgelenkt. Da bedarf es nicht einmal eines Kommandos, mit dem man ihn lautstark beispielsweise in die Sitzposition beordert, oder eines strengen Verbotswortes. Allein der Blickkontakt, den er seinem Menschen nun schenkt, lenkt ihn ab und verschafft ihm selbstverständlich im selben Moment ein dickes Lob. Alles nur, weil man ihn rechtzeitig daran gewöhnt hat, dass sein Name etwas Angenehmes verheißt. Hundeerziehung kann so einfach sein!

Vom Zuwenden und Ignorieren

Wie schon erwähnt: Durch Zuwendung kann man den Hund auf sich konzentrieren und ihn schlussendlich dazu animieren, bestimmte Dinge zu tun. Abwendung hingegen schafft Distanz. Auch dies können Sie nutzen, um Ihrem dreisten Vierbeiner zu lehren, dass bestimmte Handlungen unerwünscht sind – ohne dass deswegen Verbote ausgesprochen werden oder Sie ihn anders maßregeln müssen.

Sicherlich ist Ignorieren nicht immer möglich. In einzelnen Fällen hat man schlicht und einfach keine Zeit, um abzuwarten, bis der kleine Hund begreift. Ertappt man ihn zum Beispiel in flagranti dabei, wie er dem Kanarienvogel ans Leder will, heißt es schroff: „Nein!"

Sollte er allerdings zum Beispiel versuchen, dauernd am Tisch zu betteln oder, um Ihre Aufmerksamkeit zu erhaschen, immer wieder seine Pfote auf Ihr Knie legen und Sie drängend anstupsen, so ist es durchaus zweckmäßig, ihm angebrachtes Verhalten beizubringen, indem Sie ihn zunächst links liegen lassen: kein Wort, keine Hinwendung, keine Berührung. Sobald er sich korrekt verhält, ändern Sie sofort Ihr Gebaren: Sie wenden sich ihm zu, loben herzlich und streicheln ihn. Sollte er daraufhin in sein altes Verhaltensmuster zurückfallen, übersehen Sie ihn erneut geflissentlich. Sind Sie konsequent genug, lässt der Erfolg gewiss nicht lange auf sich warten.

Die Sache mit dem Anspringen

Ein völlig natürliches Hundeverhalten, in Menschenkreisen jedoch äußerst ungern gesehen, ist das Anspringen. Für ein rangniederes Tier ist es obers-

Junge Hunde lernen schnell – Erwünschtes ebenso wie Unerwünschtes!

75

Mundwinkellecken zur Beschwichtigung: Der Welpe äußerst es gegenüber älteren Artgenossen und – wenn er an uns hochzuspringen versucht – auch beim Menschen.

tes Gebot, ranghohen Gruppenmitgliedern Respekt zu zollen. Ihr Welpe wird Sie deshalb untertänigst begrüßen, wenn Sie nach Hause kommen, und er wird alles daran setzen, Sie milde zu stimmen, wenn Sie ungehalten sind. Er versucht es, indem er sich auf den Rücken rollt und sein Bäuchlein darbietet, womöglich noch ein paar Tropfen Harn dabei abgibt und, wie früher bei seiner Hunde-Mama, durch das sogenannte Mundwinkellecken.

Da wir Menschen gewöhnlich wesentlich größer sind als unsere Hunde, müssen die Tiere an uns hochspringen, um unser Gesicht zu erreichen. Das wiederum mögen wir überhaupt nicht gern und maßregeln sie nicht selten dafür. Was bleibt den unverstandenen Vierbeinern anderes übrig, als immer vehementer zu hüpfen und zu schlecken, um ihrer Unterwürfigkeit Nachdruck zu verleihen?

Damit Ihr Welpe lernt, weder an Ihnen noch an anderen Menschen hochzuspringen, strafen Sie ihn durch Nichtbeachtung. Wenden Sie sich jedes Mal abrupt von ihm ab, sobald er das Fehlverhalten auch nur ansatzweise zeigt, und ignorieren Sie ihn anschließend für einen Moment komplett.

Mit Zuwendung – dazu gehört auch das Abwehren oder Schimpfen – erreichen Sie genau das Gegenteil: Ihr Hund wird in seinem Fehlverhalten bestärkt, was dazu führt, dass er es fortan häufiger zeigt. Lassen Sie ihn hingegen für eine Weile links liegen, wird irgendwann auch der quirligste vierbeinige Pingpongball aufgeben und sich vor Ihnen niederlassen: Das ist der richtige Moment, um ihn zu loben – nicht zu stürmisch, damit er nicht gleich wieder aufspringt, aber doch mit sichtbarer Freude und viel Anerkennung.

Zwicken – nein danke!

Früher nahm man an, die Beißhemmung sei angeboren. Heute weiß man, dass auch sie erlernt werden muss, am besten noch, bevor der Zahnwechsel des Welpen abgeschlossen ist. Mit dem Üben beginnen Sie bereits in den ersten Minuten, die Sie gemeinsam mit Ihrem jungen Hund verbringen: Jedes Mal ein kreischendes „Aua!" und ein abruptes Abwenden vom
zwickenden Rutenträger – und er weiß bald, dass es weder lustig noch

unterhaltsam ist, wenn er Ihnen in dieser Weise zu nahe kommt. Denn das Zerren an Kleidungsstücken oder das Zwicken in menschliche Haut sind absolut tabu, selbst, wenn es spielerisch gemeint ist und von dem „ach so süßen Welpi" gezeigt wird.

Auch Hunde untereinander verhalten sich so. Sie fiepen laut und lassen einen ruppigen Sparringpartner sogleich links liegen, wenn der nicht sanfter mit ihnen umgeht. Da ein Abbruch des Spiels aber nicht im Sinne des Grobians liegt, wird er seine Zähne in Zukunft vorsichtiger gebrauchen.

Nach einer kurzen Unterbrechung wenden Sie sich Ihrem Welpen wieder zu und fordern ihn freundlich auf weiterzuspielen. Bleibt er angemessen zärtlich, loben Sie ihn gebührend. Durch diese Vorgehensweise lehren Sie ihn gleich mehrere wichtige Lektionen: erstens, dass Beißen und Zwicken ungeeignete Mittel sind, um Ihre Aufmerksamkeit zu erregen oder zu erhalten; und zweitens, dass allein Sie der Boss sind. Denn nur der Rudelchef gibt das Kommando zum Anfangen, Weitermachen oder Beenden einer gemeinsamen Unternehmung.

Sinnvoll kann auch eine Futterübung sein. Schneiden Sie dazu Hartkäse in lange Streifen, nehmen einen Streifen davon in eine Hand und lassen nur ein winziges Stückchen hervorblitzen. Loben und streicheln Sie Ihren Kleinen, wenn er behutsam daran knabbert. Wird er grob, ignorieren Sie ihn sofort und verstecken das Käsebröckchen in der Faust.

Seine Zähne vorsichtig einzusetzen, lernt der Welpe schnell – ob beim Berühren unserer Haut oder der Übernahme eines Leckerchens aus unseren Fingern: Sanft heißt es dabei zu sein, sonst erntet er kein Lob.

Möchte er danach scharren, gestatten Sie es nicht. Erst wenn er sich ruhig verhält, lassen Sie wieder ein Stück des Käses hervorschauen, an dem er knabbern darf.

Sicheres Auftreten überzeugt

Hunde sind darauf programmiert, in einem festen Familienverband zusammenzuleben. Doch gleichberechtigt sind die Rudelmitglieder dabei nicht. Es herrscht eine klare Rangordnung, in der jedes Tier eine bestimmte Position einnimmt. Das vermindert Zwistigkeiten und damit Stress. Je durchsetzungsfähiger der Anführer dieser Lebensgemeinschaft ist und je überzeugender er auftritt, umso bereitwilliger ordnen sich ihm die Mitglieder unter. Auch mit dem Sozialpartner Mensch hält ein Hund es nicht anders.

Und so schließt sich bereits der Welpe im Verlauf seiner Sozialisierungsphase hoffnungsfreudig demjenigen an, der am meisten Glaubwürdigkeit ausstrahlt und Verlässlichkeit vermittelt, gewöhnlich einem der Erwachsenen in seinem neuen gemischten Rudel. Ihm folgt er nun auf Schritt und Tritt und lässt ihn so gut wie nicht mehr aus den Augen.

Mit zunehmender Reife verblasst diese natürlicherweise vorhandene Anhänglichkeit. Dann zeigt es sich, ob durch das vorangegangene Zusammenleben die Bindung des Hundes an seinen Menschen ausreicht, um Höhen und Tiefen in der Beziehung zu meistern und auch um beispielsweise die Klippen der Flegelmonate unbeschadet zu überstehen. Für ein harmonisches Miteinander lohnt es sich also unbedingt, bereits während der ersten Wochen alles daranzusetzen, das Vertrauensverhältnis und die Bindung zu stärken. Spannende gemeinsame Unternehmungen von Anbeginn sind das Mittel der Wahl und gewissermaßen der Schlüssel zum Glück.

Für einen Welpen ist alles neu und spannend. Der geduldige Halter lässt ihm Zeit fürs Erkunden, hilft nur, falls wirklich nötig, und lehrt spielerisch. Dann stellt sich Perfektion fast von selbst ein.

Kind und Hund – so werden sie ein Dream-Team

Kinder müssen wissen: Der Welpe ist kein Spielzeug. Der Welpe wiederum muss lernen: Kinder stehen in der Rangordnung über mir.

Damit keine Tränen fließen und auf den kleinen Welpen keine Risi-

Viele positive Erfahrungen mit Kindern von Anfang an sind der beste Garant dafür, dass der Hund auch später mit Kindern nur Angenehmes verbindet.

ken lauern, müssen Kinder lernen, kein Spielzeug herumliegen zu lassen und die Tür zu ihrem Zimmer geschlossen zu halten. Dass sie den Welpen weder im Schlaf noch beim Fressen stören und natürlich auch nicht piesacken dürfen, sollte selbstverständlich sein. Nur größere Kinder dürfen den Welpen herumtragen und mit ihm Gassi gehen. Jüngere Zweibeiner sind damit überfordert und bringen sich und das Tier in Gefahr.

Konsequenz ist oft noch nicht zu erwarten, dennoch sollten Eltern darauf achten, dass Kinder den Hund nicht vom Tisch füttern, ihn nicht aufs Bett springen lassen und so weiter, wenn dies allgemein nicht gewünscht wird oder nicht erlaubt ist. In einem Familienverband sollten alle Zweibeiner am gleichen Strang ziehen, damit der kleine Welpe nicht verunsichert wird. Auch sollten Kinder dem Hundebaby keine Kommandos erteilen, da sie diese ohnehin nicht durchsetzen können. Der Welpe gewöhnt sich sonst nur an, dass er bei Kindern generell auf Durchzug schalten kann, ohne negative Folgen erwarten zu müssen.

Sollte es sich um einen mit Dominanzbestrebungen ausgestatteten Vierbeiner handeln, kann es überdies passieren, dass er dann womöglich dazu übergeht, die kaum durchsetzungsfähigen Menschenkinder zu drangsalieren.

Bei Klein- und vor allem Krabbelkindern gilt: Lassen Sie den Hund nie mit dem Kind unbeaufsichtigt allein, selbst dann, wenn vom Hund keine Gefährdung im eigentlichen Sinn ausgeht. Denn schon die unterschiedlichen Kräfteverhältnisse und die noch mangelnde Standfestigkeit der kleinen Zweibeiner können erhebliche Risiken bergen.

79

Mit dem Welpen unterwegs

Nichts schweißt Hund und Halter schneller und enger zusammen als gemeinsame Unternehmungen, ob auf den täglichen Spaziergängen, beim wöchentlichen Welpentreff oder bei der gemeinschaftlichen Alltagsbewältigung. Welpe wie Mensch sammeln dauernd wertvolle Erfahrungen und lernen den jeweils anderen von Tag zu Tag besser kennen und wertschätzen, bis schließlich beide ein unsichtbares Band untrennbar verbindet und sie sich blind aufeinander verlassen können.

Damit dies kein Wunschtraum bleibt, heißt es, sich anzustrengen. Überlegen Sie zeitig, was Sie Ihrem kleinen Schützling alles zeigen, was Sie ihn lehren und mit ihm verwirklichen möchten. Beginnen Sie möglichst bald mit Ihren Unternehmungen, am besten schon in der ersten Woche. Aber planen Sie nicht zu viel an einem Tag ein! Der junge Hund braucht Zeit zum Verarbeiten. Was sollte er jetzt speziell aus Ihrem persönlichen Umfeld unbedingt kennenlernen, damit er später gut damit zurechtkommt? Machen Sie sich ruhig eine Strichliste.

Im Folgenden finden Sie eine Reihe von Ideen und Anregungen für spannende und sinnvolle Aktivitäten mit Ihrem Vierbeiner.

„Wo bleibst Du denn? Wir wollen weiter – bloß allein trau' ich mich das noch nicht wirklich."

■■ **Auto- und S-Bahnfahren**. Stets sollte sich ein Abenteuer-Spaziergang oder ein erquickendes Spiel zusammen mit Ihnen oder mit Artgenossen anschließen, damit eventuelle Anspannungen gelöst werden und keine Negativeindrücke zurückbleiben. Ins Auto heben Sie den Welpen hinein. Springen sollte er in diesem Alter noch nicht. Bei öffentlichen Verkehrsmitteln wählen Sie ebenerdige Einstiege, bei denen er ohne Unterstützung hineinklettern kann. Sind Stufen nicht zu umgehen, nehmen Sie ihn beim Einsteigen auf den Arm und lassen ihn drinnen wieder selbst

Auch die Mieze braucht Zuspruch, damit sie nicht eifersüchtig auf den Neuzugang reagiert.

marschieren. Damit sich Ihr forscher kleiner Vierbeiner nicht ungewollt entfernt, halten Sie ihn bei derartigen Unternehmungen unbedingt an der Leine unter Kontrolle (siehe auch „Leinenführigkeit" Seite 84 f.).

■■ **Kontakt mit Tieren**. Ihr Hund sollte sich so früh wie möglich an die Begegnung mit anderen Tieren gewöhnen. Hierzu gehören sowohl Nutztiere wie Rinder, Pferde, Schafe, Ziegen, Kaninchen und Geflügel als auch Heimtiere wie zum Beispiel Katzen, Meerschweinchen, Ziervögel und so weiter. Erst trainieren Sie auf Abstand zu den Tieren, konzentrieren den Welpen auf sich und belohnen ihn für aufmerksamen Blickkontakt mit einem Leckerchen. Später gibt es Lob und Leckerchen nur noch, wenn der Kleine völlig unbefangen – und auch ohne die Tiere irgendwie zu behelligen – dicht daran vorbeimarschiert. Auch hier ist die Leine ein Muss.

■■ **Besuch in der Stadt**. Gewöhnen Sie von Anfang an Ihren Welpen an verschiedene Umgebungen und Umweltreize. Hierzu gehören auch Besuche im Stadtpark, in der Innenstadt, im Kaufhaus und vielleicht in einem Restaurant, natürlich immer an der Leine.

■■ **Stippvisite beim Tierarzt**. Ein kurzes Hallo im Wartezimmer, ein paar Streicheleinheiten, ein Leckerchen aus der Hand des Arztes – und das Eis ist für alle Zeit gebrochen. Der schmerzhafte Pieks beim Impfen steht erst später auf dem Programm. Wichtig: Lassen Sie Ihren Kleinen dort anfangs noch keinen Kontakt zu anderen Tieren aufnehmen, die möglicherweise erkrankt sind. Behalten Sie ihn besser auf dem Arm. Sein Immunsystem hat jetzt schon genug zu bewältigen, da braucht es keiner unnötigen Krankheitserreger, die es zusätzlich fordern.

■■ **An verschiedene Personen gewöhnen**. Der kleine Welpe sollte schon früh den verschiedensten Menschen begegnen und lernen, sich ihnen **81**

Nur in entspannter Atmosphäre kann der junge Hund, hier ein Bearded Collie, begreifen lernen. Je klarer dabei die Rangordnung ist, umso beständiger ist das Gemeinschaftsgefüge.

gegenüber neutral und ruhig zu verhalten. So sollte er schon Kinder aller Altergruppen, Männer, Frauen, ältere Menschen mit Gehhilfe oder Behinderte, die sich ungewöhnlich bewegen, Jogger, Radfahrer, Reiter, Inlineskater oder Nordic Walker kennenlernen. Wenn Ihr Hund sein Welpengeschirr trägt und Sie ihn an der Leine unter Kontrolle halten, kommen weder Hund noch Menschen in Bedrängnis. Die Erfahrungen, die der Welpe bei derartigen Begegnungen macht, sollen nämlich möglichst erfreulich sein und von ihm als positiv empfunden werden. So behält er sie zeitlebens in guter Erinnerung und wird nie Unsicherheiten im Umgang mit den entsprechenden Personengruppen zeigen.

- **Haushalts- und Gartengerätschaften aller Art kennenlernen.** Nach und nach muss der Kleine alle möglichen Geräte in Aktion erleben. Er muss den Alltag mit seiner unendlichen Vielfalt an Gerüchen, Geräuschen und optischen Eindrücken erfahren dürfen. Denn alles ist neu und spannend für ihn. Führen Sie Ihren Welpen stets möglichst sacht an alles heran. Die laut dröhnende Holzhäckselmaschine steht erst als Letztes auf dem Stundenplan.

- **Begegnung mit Artgenossen.** Gehen Sie einer Begegnung mit anderen Hunden nicht aus dem Weg! Es sei denn, Sie wissen, dass es sich bei dem vierbeinigen Gegenüber um ein verhaltensgestörtes Tier handelt. Nehmen Sie Ihren Kleinen nicht auf den Arm! Lassen Sie ihn seine natürlichen Verhaltensweisen ausleben und anwenden. Vertrauen Sie seinen Fähigkeiten! Bedenken Sie aber auch, dass der sogenannte Welpenschutz nur innerhalb eines einzelnen Rudelverbandes existiert. Der Welpe hat bei einem fremden Hund keinen Freibrief; uneingeschränkte Sicherheit gibt es für ihn nicht.

Unternehmen Sie von Anfang an so viele und so unterschiedliche Dinge wie möglich, damit der Welpe seine Umwelt kennenlernt. Doch vermeiden Sie es, ihn zu überfordern. Beobachten Sie ihn gut und Sie werden rasch erkennen, wann er genug hat. Obwohl die Phase für die Sozialisation recht kurz ist, dürfen Sie nicht zu viel hineinpacken. Der Kleine braucht Muße zum Bewältigen all der neuen Eindrücke. Vergessen Sie daher die Ruhezeiten nicht. Beim Kontaktliegen mit Ihnen auf seiner Kuscheldecke oder Ihrer Couch können beide ganz wunderbar relaxen. Auch das stärkt das Zusammengehörigkeitsgefühl. Zudem können Sie ihn währenddessen spielerisch daran gewöhnen, dass er sich überall an seinem Körper berühren und sanft massieren lässt. Das ist eine ideale Vorübung zum Beispiel für die Körper- und Fellpflege.

Gewöhnung an Halsband und Leine

Um Sie in unserer dicht besiedelten Landschaft gefahrlos überallhin begleiten zu können, braucht Ihr Welpe eine Leine. Deshalb muss er dieses wichtige Utensil bereits in den ersten Tagen kennen- und dulden lernen, bevor Sie mit ihm spannende Entdeckungstouren unternehmen.

Legen Sie Ihrem Welpen das Halsband an, bevor Sie ihm seine Mahlzeit servieren und/oder bevor Sie in den Garten gehen, um dort gemeinsam etwas Interessantes zu erkunden. Er wird sich bestimmt nicht an dem ungewohnten Accessoire stören, weil er abgelenkt ist und es schlichtweg vergisst. Wenn er sich gelegentlich doch daran kratzt, ignorieren Sie das einfach. Dieses Verhalten wird sich rasch verlieren. Lassen Sie ihn das Halsband vorerst auch im Haus tragen, selbst wenn es dort eigentlich nicht nötig wäre. Er wird es ganz schnell akzeptieren.

Nun kommt die Leine mit ins Spiel. Klicken Sie diese am Halsband an. Stellen Sie sich dicht neben Ihren kleinen Hund, sodass die

Zerrt der Hund die Leine stramm, sollte man stehen bleiben. Denn ihm nun hinterherzulaufen, hieße, ihn fürs Zerren zu belohnen. Bleibt die Leine locker, geht es weiter. Dieser Berner Sennenhund kann sich noch nicht entscheiden. **83**

Ob als Begleiter im Jagdrevier, beim Spaziergang oder in der Stadt: Nehmen Sie Ihren Welpen mit, wann immer möglich. Dort, wo er sich ungefährdet bewegen kann und kein Leinenzwang herrscht, lassen Sie ihn frei laufen wie diesen Hovawart.

Leine locker durchhängt, und fordern Sie ihn zum Blickkontakt auf. Schaut er Sie an, ist die erste Belohnung fällig. Zeigt er sich abgelenkt, nimmt er also keinen Augenkontakt auf, oder bewegt er sich zappelnd hin und her, sodass die Leine straff gezogen wird, gibt es keine Anerkennung. Auf diese Weise lernt Ihr Welpe, dass Annehmlichkeiten nur zu ergattern sind, wenn er Sie anschaut und gleichzeitig die Leine locker bleibt. Dies ist die erste und wichtigste Etappe auf dem Weg zur perfekten Leinenführigkeit.

Erst wenn hier wirklich alles sicher funktioniert, gehen Sie ein paar Schritte mit ihm. Wenn nötig, locken Sie ihn durch interessante Geräusche und zeigen ihm sein Belohnungsleckerchen. Stecken Sie ihm den Bissen in dem Moment zu, in dem er auf Sie achtet und nicht zerrt. Gehen Sie stets freudig, bestimmt und ungezwungen voran. Auch das motiviert Ihren Vierbeiner.

Der Weg zur perfekten Leinenführigkeit

Wenn sich Ihr Welpe in die Leine stemmt, geben Sie dem Zug nicht nach. Er könnte das als Belohnung werten und fortan immer ungestümer ziehen. Bleiben Sie stattdessen einen Augenblick stehen. Gibt er nun dem Zug nach und die Leine hängt wieder locker, loben Sie ihn sofort und gehen weiter.

Noch besser ist es, wenn Sie Ihrem kleinen Vierbeiner erst gar nicht gestatten, die Leine straff zu ziehen, sondern ihn schon vorher durch ein kurzes Hörzeichen (zum Beispiel ein Geräusch oder Kommando) darauf hinweisen, dass es gleich einen abrupten Stopp geben wird. Registriert er dieses Signal, belohnen Sie ihn.

Wenn Ihr Welpe hinter Ihnen zurückbleibt, animieren Sie ihn, mit einem Geräusch oder indem Sie ihm das Leckerli zeigen, aufzuholen. Kommt er trotzdem nicht hinterdrein, halten Sie nicht an, sondern gehen Sie forschen Schrittes weiter, sodass er Ihnen einfach nachfolgen muss (aber bitte nicht an der Leine reißen und ihn voranzerren.). Ein Stehenbleiben würde Ihr Hund als Bestätigung seines (Fehl-)Verhaltens verstehen. Künftig würde er immer häufiger zurückbleiben.

> **Tipp**
> Gestalten Sie das Üben kurzweilig. Anstatt längere Zeit geradeaus zu gehen, machen Sie ein paar Schlangenlinien, einige enge Linkskreise, eine Kehrtwendung – so bleibt Ihr Vierbeiner dabei aufmerksam.

Trainieren Sie das „An-der-lockeren-Leine-Gehen" mehrmals täglich, anfangs aber nur ein paar Sekunden lang. Beginnen Sie mit wenigen Schritten und dehnen Sie die Entfernungen langsam aus. Belohnen Sie Ihren Welpen zunächst bei jedem kleinen Schrittchen, das er ordentlich geht. Allmählich verringern Sie die Häufigkeit und Menge der Belohnungen.

Wenn Sie derart gewissenhaft und gründlich vorgehen, wird es nicht lange dauern, bis Sie auch unter Ablenkung üben können. Schließlich dürfen Sie sogar die Leine abnehmen und ein kurzes Wegstück „frei bei Fuß" probieren. Sie werden sehen: Es klappt. Ihr Hundekind ist so konzentriert auf das, was Sie da mit ihm veranstalten, dass es überhaupt nicht bemerkt, dass die Leine unsichtbar geworden ist. Doch verlangen Sie gerade in dieser Phase nicht zu viel von Ihrem Schüler. Gehen Sie nur wenige Schritte und belohnen Sie ihn häufig.

Steigern Sie die Anforderungen sehr behutsam, aber lassen Sie dabei ab und zu Ihr neues Hörzeichen erklingen, wie etwa „Fuß". Sprechen Sie es stets freundlich-auffordernd aus, nie streng, und freuen Sie sich mit Ihrem Vierbeiner, wenn er brav mitläuft. Denken Sie daran, ihn je-

Mit Bedacht und an der lockeren Leine über das Hindernis: So lernt der Welpe, Körper und Geist zu schulen, seine Fähigkeiten richtig einzuschätzen und obendrein noch Vertrauen zum Menschen aufzubauen.

85

Wenn es gilt, eng an der Seite des Menschen bei Fuß an der Leine zu laufen, ist ein Halsband ideal. Ist mehr Freiraum bei der Bewegung gestattet, eignet sich ein Geschirr besser. So lernt schon der Welpe zu unterscheiden.

des Mal auf Sie aufmerksam zu machen und gut gelaunt zu locken, wenn er vorpreschen möchte oder zurückbleibt. Anschließend ist gemeinsames Toben angesagt: Das hat sich Ihr Welpen redlich verdient.

Bis er Sie ohne Leine – auf Kniehöhe und dicht an Ihren Körper geschmiegt – aufmerksam über lange Wegstrecken und an spielenden Artgenossen vorbei, begleiten kann, wird freilich noch geraume Zeit vergehen, doch den Grundstein dafür haben Sie jetzt bereits gelegt.

Auch soll Ihr Hund die Leine nicht als Einschränkung empfinden, sondern als Selbstverständlichkeit. Sie können das leicht sicherstellen, indem Sie an der Leine nicht immer bloß schnurstracks Ihres Weges gehen, sondern dann und wann ein paar Faxen mit ihm machen und pfiffige Runden drehen – natürlich ohne, dass er sich dabei in die Leine stemmt.

Machen Sie bitte nicht den Fehler, Ihren Hund immer nur dann an die Leine zu nehmen, wenn das Spiel mit Artgenossen oder das freie Schnüffeln und Umhertollen beendet werden soll und es auf den Heimweg geht. Und rufen Sie ihn auch nicht nur zu diesem Zweck zu sich. Das würde er in der Tat als Einschränkung empfinden und entsprechend reagieren. Mit der Zeit käme er auf Ihr Rufen nicht mehr freudig zu Ihnen geeilt, weil er befürchten müsste, angeleint und seiner Freiheiten beraubt zu werden.

Machen Sie es anders: Fordern Sie ihn ab und zu auf, einmal zu Ihnen zu kommen, liebkosen Sie ihn, wenn er bei Ihnen angelangt ist, und lassen ihn anschließend einfach wieder springen. Ein anderes Mal rufen Sie ihn zu sich, leinen ihn an (oder Sie nehmen ihn kurzerhand an die Leine, wenn er ohnehin gerade neben Ihnen steht), gehen ein paar Schritte zusammen und geben ihn wieder frei. So gehört das brave An-der-Leine-Gehen für Ihren Vierbeiner bald zum ganz normalen Unterhaltungsprogramm.

Wann ist ein Brustgeschirr sinnvoll?

Möchten Sie zunächst eine flexible Aufrollleine einsetzen, verwenden Sie besser kein Halsband, sondern ein Brustgeschirr. Denn darin ist es dem Welpen durchaus gestattet, etwas voranzuziehen und ab und zu zügiger vorauszulaufen, statt stets dicht an Ihrer Seite zu gehen. Solange Ihr Junghund die Leinenführigkeit noch nicht beherrscht, legen Sie ihm also einfach das Brustgeschirr an, egal, ob Sie nun mit der 1-Meter-Führleine oder der Rollleine auf Tour gehen. Er soll schließlich jetzt schon viel erleben dürfen und nicht immer ist das ohne Leine gefahrlos möglich.

Bewegungsfreiheit dank Feldleine

Sie möchten Ihren Welpen frei laufen lassen, haben aber Sorge, ihn könnten die Rehe im Wald vielleicht doch so interessieren, dass er hinterherläuft? Sie möchten ihn jedoch weder an der kurzen Leine bei Fuß führen noch an der flexiblen Ausrollleine (mit maximal 8 Meter Länge) halten? Dann versuchen Sie es doch einmal mit der sogenannten „langen Leine". Es gibt diese Feldleinen, auch Schleppleinen genannt, in verschiedenen Längen bis 40 Meter.

Selbst wenn der junge Hund aufgrund seiner noch geringen Leistungsfähigkeit und Geschwindigkeit nur eine kurze Wegstrecke meistern würde: Wehren Sie den Anfängen! Das Nachspurten macht ihm Spaß. Es ist selbstbelohnend, wie die Verhaltensbiologen sagen. Das heißt, hat er einmal dieses Erlebnis genossen, wird er es wieder und wieder tun.

Wichtig: Legen Sie Ihrem Vierbeiner dazu besser sein Brustgeschirr an, nicht sein Halsband. Ist Ihr Hund schon etwas größer, sollten Sie selbst Handschuhe tragen. Denn gerade die dünnen Kunststoffmodelle solcher Leinen können rasch schmerzhafte Brandblasen hervorrufen, wenn Sie Ihnen überraschend durch die Finger flitzen.

Wussten Sie's?
Die Erfahrung zeigt, dass Hunde die Leine auch Sicherheit gibt, etwa, wenn sie angeleint einem potenziellen Widersacher gegenübertreten, den sie dann fürchterlich verbellen (was sie ohne Leine niemals tun würden), aber auch in Situationen, in denen sie ansonsten ängstliches Verhalten an den Tag legen würden: Allein traut man sich beispielsweise nicht, eine Treppe hinunterzugehen, über einen Gitterrost zu laufen oder über einen Baumstamm zu klettern – angeleint schon.

Abwechslung fördert die Bindung

Starten Sie bei Ihren Spazier- und Erkundungsgängen, wann immer es geht, in ein Terrain, das Ihrem Welpen unbekannt ist, oder wechseln Sie wenigstens oft den Streckenverlauf. Sie werden schnell feststellen, dass er sich dann stärker an Ihnen orientiert als das auf Wegen der Fall ist, die ihm schon vertraut sind und auf denen er sich auch ohne Sie sicher fühlt. **87**

Abrufen aus dem Spiel mit Artgenossen
Wenn Ihr Welpe mit Artgenossen tobt, beginnen Sie nicht zu bald damit, ihn wieder abzurufen! Der Kleine ist nun so gewaltig abgelenkt, dass es ihm schwer fällt, Sie zu beachten. Warten Sie mit dem Rufen lieber, bis er ohnehin Ihren Blickkontakt sucht. Sicher kommt er dann eilig herbei und wird dafür natürlich überschwänglich gelobt.

Für Ihren Kleinen muss es aber zur Selbstverständlichkeit werden, sich Ihnen anzuschließen, statt allein auf Tour zu gehen. Auf unerforschten Wegen fällt es leichter, ihm dies beizubringen.

Sollte Ihr Kleiner einmal längere Zeit keine Notiz von Ihnen nehmen, gehen Sie – ohne ihn darauf aufmerksam zu machen – in die entgegengesetzte Richtung davon oder verstecken Sie sich. Sobald Ihr junger Hund bemerkt, dass er Sie verloren hat, wird er sich sofort auf die Suche machen. Loben Sie ihn gebührend, sobald er Ihnen wieder Aufmerksamkeit schenkt. Wenn ihm so etwas häufiger passiert, wird er bald begriffen haben, dass er Sie im Auge behalten muss, damit Sie nicht plötzlich verschwinden. Er wird deshalb ganz von allein aufrücken und mit Ihnen Kontakt aufnehmen.

Ihr Hund soll sich an Ihnen orientieren, nicht Sie an ihm. Aus diesem Grund müssen Sie darauf achten, beim Spaziergang nicht dauernd seinen Namen zu rufen oder auf Ihren Welpen einzureden. Er würde dies rasch als Standortmeldung betrachten, sodass es für ihn überflüssig wird, nach-

Ein Abenteuerspaziergang auf neuen Pfaden, ein gemeinsames Jagdspiel, Verstecken von Gegenständen und Leckerbissen – das schafft Abwechslung, macht Spaß und fördert die Achtsamkeit wie bei diesem – noch kleinen – Irish Wolfhound.

Sozialkompetenz erlangen, das ist eine überaus wichtige Lektion auf dem Welpen-stundenplan. Darüber kann man jedoch kurzzeitig seinen zweibeinigen Begleiter glatt vergessen.

zuschauen, wo Sie stecken. Außerdem ignoriert er Ihre Ansprache bald mehr und mehr. Das wäre verhängnisvoll. Wann immer Sie ihn ansprechen, sollte das etwas Besonders für ihn verheißen und ihn sofort aufhorchen lassen. Verspielen Sie dieses bedeutsame Instrument der Kontaktaufnahme nicht leichtfertig.

Wie viel Bewegung braucht ein Welpe?

Ausgewachsene Hunde sind leider sehr oft chronisch unterbeschäftigt und nicht ausreichend draußen unterwegs – und demzufolge seelisch und körperlich unausgelastet. Welpen hingegen werden nicht selten viel zu viel bewegt, weil bei all der Turbulenz bisweilen schwer einzusehen ist, dass so ein kleiner Vierbeiner noch nicht besonders belastbar ist.

Durch die Begeisterung ihrer zweibeinigen Kumpane angespornt machen die Jüngsten schon alles Erdenkliche mit und das bis zu ihrer völligen Erschöpfung. Legt sich der Welpe beim Spielen oder gemeinsamen Laufen hin und mag keinen Schritt mehr gehen, ist seine Belastungsgrenze schon längst überschritten. So weit sollte es gar nicht erst kommen. Vor allem die noch nicht voll entwickelten Knochen und Gelenke können bei derlei Eskapaden dauerhaften Schaden nehmen.

Wie lange ein Spaziergang dauern sollte, lässt sich generell nicht festlegen, unter anderem auch, weil es neben den individuellen Belastungsgrenzen große Rasseunterschiede gibt. Sie müssen Ihren Kleinen einfach **89**

„Puh! Bin ich geschafft!": Hundekinder brauchen viele Ruhepausen, damit ihr Organismus wieder Kraft schöpfen kann.

gut beobachten, um zu erkennen, wann es ihm reicht. Als Richtlinie für die täglichen Spaziergänge gilt: So kurz, aber so oft und so abwechslungsreich wie möglich.

Einem Junghund können Sie natürlich deutlich mehr zumuten als einem Welpen (als Welpe gilt der Hund bis zu seiner 20. Lebenswoche). Dennoch müssen Sie Ihren Ehrgeiz in diesen ersten Monaten mäßigen und weder in der Intensität noch in der Perfektion die Erfüllung sehen. Das Ziel jeder Interaktion mit Ihrem kleinen Vierbeiner sollte die spielerisch gestaltete Vielfalt sein. Körperlich voll belastbar ist ein Hund erst mit rund zwölf Monaten – kleine Hunderassen etwas früher, große später.

Erst mit frühestens einem Jahr dürfen Sie Ihren Hund angeleint am Fahrrad oder neben dem Pferd mitnehmen oder ihn hin und wieder spielerisch auf einen Agility-Parcours schicken. Obwohl die meisten Hunde mit ungefähr einem Jahr ausgewachsen sind, ist der Aufbau ihrer Knochensubstanz und Muskulatur zu diesem Zeitpunkt noch längst nicht abgeschlossen. Für ungewohnte, anstrengende Bewegungen und ausgedehnte Wanderungen ist es jetzt noch viel zu früh. Am gesündesten ist es ohnehin, wenn der junge Vierbeiner die Bewegungsart, das Laufpensum und die Schnelligkeit selbst bestimmen kann. Das heißt, Sie können durchaus das Fahrrad nehmen, wenn Sie miteinander Gassi gehen. Sie müssen nur sehr langsam fahren und sehr häufig und regelmäßig absteigen, damit Ihr Kleiner nach Lust und Laune schnuppern und seine Welt erkunden kann.

Werden die Ansprüche zu früh gesteigert, kann das schwerwiegende Folgen haben. So wichtig es ist, regelmäßig mit dem Hund spazieren zu gehen, zu spielen und

Ihr Einfluss auf den Welpen ist umso größer, je dichter er bei Ihnen ist. Also schauen Sie zu, dass er sich auf Sie konzentriert, weil Sie und Ihre Aktivitäten viel spannender sind als alles andere.

Welpen sind recht hitzeempfindlich. Gehen Sie in der heißen Jahreszeit in den frühen Morgen- und späten Abendstunden spazieren. Auch dieser kleine Nova Scotia Duck Tolling Retriever genießt den Schatten.

zu toben, so gefährlich sind dabei die falschen Aktivitäten: Welpen und Junghunde dürfen unter keinen Umständen mit langen Touren auf hartem Untergrund, mit Springspielen und ausufernden Toberunden beschäftigt werden, auch wenn sie gleich mit Feuereifer dabei wären. Selbst Zerrspiele sollten unterlassen werden (zumindest so lange, bis der Zahnwechsel mit rund sieben Monaten abgeschlossen ist), da unter anderem die Gefahr von Zahnfrakturen besteht.

In diesem Zusammenhang sollte auch erwähnt werden, dass Hundekinder möglichst selten Treppen steigen sollten. Solange Sie es körperlich fertig bringen, tragen Sie Ihren Kleinen – sowohl hinauf als auch hinunter. Selbstverständlich müssen bereits die Welpen lernen, mit Treppenstufen aller Art umzugehen. Das gehört unbedingt auf den Stundenplan der Sozialisierungsmaßnahmen. Nur Übertreibungen gilt es stets zu vermeiden, denn die kleinen Pfiffikusse wollen dort nicht bloß einmal hinauf- und hinunterlaufen, sondern ganz oft. Und vor allem das Hinunterlaufen kann zu schweren Gelenk- oder Knochenproblemen führen, wenn sie dabei springen und hart landen.

Allein bleiben

Obwohl es für die Umweltsicherheit und die gegenseitige Bindung von unschätzbarem Wert ist, wenn Sie und Ihr Hund miteinander auf Erlebnistouren gehen, so oft es möglich ist, bleibt es nicht aus, dass er hin **91**

Alleinbleiben will gelernt sein. Für einen kleinen Hundewelpen ist es nicht gerade selbstverständlich, allein zurückgelassen zu werden.

und wieder für kurze Zeit allein bleiben muss. Um der Entwicklung von Trennungsängsten wirkungsvoll vorzubeugen, gewöhnen Sie bereits den jungen Welpen daran, sich beim Alleinbleiben ruhig zu verhalten. Am besten klappt das, wenn der Vierbeiner müde ist oder sich gerade mit einem interessanten Spielzeug oder Kauknochen beschäftigt.

Gehen Sie wie folgt vor: Ohne Aufhebens davon zu machen, gehen Sie für einen Augenblick aus dem Raum und schließen die Tür hinter sich. Kurz danach kommen Sie wieder herein – ebenfalls ohne großes Hallo. Dehnen Sie die Dauer des Wegbleibens täglich etwas aus und trainieren Sie das Ganze schließlich auch im Auto. Übertreiben Sie nichts! Selbst einen vier Monate alten Hund sollten Sie nie länger als ungefähr 15 Minuten allein zurücklassen, weder zu Hause noch in Ihrem Fahrzeug.

Einige Hundehalter schwören auf den Zimmerkennel, in dem der Hund die Zeit der Abwesenheit seines Menschen verbringt. Und tatsächlich fühlen sich deren Vierbeiner in einer solchen mit Leckerli, Wasser, Spielzeug und einer warmen Unterlage ausgestatteten, rundum geschlossenen Behausung sichtlich wohl. Vorausgesetzt, sie wurden zuvor behutsam daran gewöhnt, sich darin aufzuhalten – zunächst bei geöffneter Tür, danach bei verschlossener und selbstverständlich in der Anfangsphase nur im Beisein des Besitzers. Solche Zimmerkennel oder Transportboxen können Sie einsetzen, wenn Ihr Kleiner mal kurze Zeit allein daheim verbringen muss.

Info

Was tun bei einem Malheur?
Hat Ihr Welpe während Ihrer Abwesenheit etwas Unpassendes zerkaut oder womöglich sein Geschäftchen auf dem Teppich verrichtet, schimpfen Sie nicht mit ihm. Es ist ohnehin zu spät für eine Reglementierung. Ignorieren Sie das Missgeschick, auch wenn es schwer fällt. Denn hat er erst einmal erfahren, dass Ihre Rückkehr mit Unannehmlichkeiten verbunden ist, fürchtet er sich in Zukunft vielleicht davor, dass Sie überhaupt weggehen.

Spielen – Lebenselixier für den Kleinen

Jeder Hund kann spielen und jeder Hund muss spielen, denn Spielen ist lebenswichtig – vor allem für die Jüngsten, die dabei wichtige Erfahrungen für ihr späteres Leben sammeln.

Sie brauchen das regelmäßige spielerische Treiben nicht nur zur körperlichen Ertüchtigung, sondern auch, um mental befriedigt zu sein. Außerdem fördert Spielen die sozialen Beziehungen – die von Hunden untereinander ebenso wie die zwischen Hund und Mensch. Ein Hund, der nie spielen darf oder der nie mit hundegerechten Aufgaben betraut wird, ist nicht nur völlig unausgeglichen, er verkümmert zudem – körperlich und seelisch.

Wie begeistert und ausdauernd ein Hund spielt und welche Spiele er im Einzelfall bevorzugt, hängt entscheidend von seinem Alter, seiner Rasse und Persönlichkeit und von den Erfahrungen ab, die er in Sachen Spielen bereits gemacht hat. Ein Border Collie spielt andere Spiele als ein Saluki oder ein Mastin Español: Wer kennt nicht den umtriebigen Hüte-

Wussten Sie's?
Frühzeitige spielerische Beschäftigung zusammen mit dem Menschen fördert nachweislich die Spielfreude eines Hundes, gleichgültig, zu welcher Rasse er zählt.

Für das gemeinsame Spiel mit Artgenossen heißt es: Halsband oder Brustgeschirr ab! Das hilft, Unfälle zu vermeiden.

hund, der beim Anblick eines Bällchens vor Begeisterung geradezu ausrastet, und den Windhund, der schon als Jungspund mit Ausdauer und ungeheurem Speed einem Spielzeug an der Reizangel hinterherrennt, im Gegensatz zu dem Hirtenhund, der sich zum Spielen tatsächlich zweimal bitten lässt?

Welpen verbringen sehr viel Zeit damit, miteinander zu spielen. Auch dem Solitärspiel, also dem spielerischen Tun nur mit sich selbst beziehungsweise mit Gegenständen, widmen sich die Kleinen ausgiebig. Wie und womit Welpen spielen, verändert sich mit zunehmendem Alter, ebenso, mit welcher Ausdauer sie dies tun.

Es ist völlig normal, dass die Spielhäufigkeit im Laufe ihres Heranwachsens immer mehr abnimmt – bekanntermaßen spielen erwachsene Hunde wesentlich seltener als ihre jüngeren Artgenossen. Es lässt sich aber feststellen, dass diejenigen Tiere, mit denen im Welpen- und Junghundealter auffallend viel und abwechslungsreich gespielt wurde, in ihrem späteren Leben häufiger, intensiver und vor allem ausdauernder spielen als Hunde derselben Rassen, mit denen man sich während ihrer Jugendentwicklung kaum spielerisch beschäftigt hatte.

Spielerprobte Hunde lassen sich meist auch schneller für gemeinsame Unternehmungen begeistern, weil sie erkannt haben, dass diese Art menschlicher Zuwendung Spaß und Kurzweil verspricht. Sie reagieren prompt auf optische oder akustische Signale ihres zweibeinigen Kumpans und wirken dadurch pfiffiger als manch anderer Vierbeiner. Das mag daran liegen, dass diese Tiere gelernt haben, ihren Menschen besser zu lesen, denn das gemeinsame Spielen setzt zwangsläufig eine enge Interaktion zwischen Mensch und Hund voraus und ebenso ein individuelles Aufeinandereingehen. Schon allein deswegen ist Spielen mit dem Vierbeiner lohnenswert.

Geeignetes Spielzeug für den Welpen

Nadelspitze Welpenzähnchen und kräftige Kiefer erfordern robustes Spielzeug. Bälle müssen stets etwas größer sein als der Rachenraum des Hundes, damit sie nicht verschluckt werden oder im Schlund hängen bleiben und zum Ersticken führen. Auch das Apportieren von Stöckchen, Steinen, Tannenzapfen oder Gegenständen aus brüchigem Kunststoff sollte vermieden werden. Die Verletzungsgefahr ist einfach zu groß. Achten Sie bei Spieltauen darauf, dass sie stabil genug sind und sich keine Fäden lösen, die der Welpe verschlucken könnte.

Lassen Sie Ihren Welpen auch nicht mit Kinderspielzeug spielen. Teddybären-Augen, aufgeklebte Kunststoffnasen oder die kleinen geräuscherzeugenden Einsätze bei Spielzeugen mit Stimme können nur allzu leicht im Hundemagen landen und zu erheblichen gesundheitlichen Schäden führen. Ebenso sollte man den Gebrauch von Spielsachen aus

„Alles meins! Und wer spielt jetzt mit mir?" Schon Welpen finden es besonders fesselnd, wenn Spielzeug in rascher Bewegung ist. Bei blauen Gegenständen können sie sogar die Farbe gut erkennen.

weichem Gummi oder solchen mit Quietschstimmen überdenken. Es verleitet den Vierbeiner rasch dazu, generell etwas fester zuzupacken und zu knautschen. Das ist weder gut für die menschliche Haut noch für das akkurate Tragen beim späteren Apportiertraining oder auf der Jagd.

Richtig spielen will gelernt sein

Verlangen Sie nicht gleich zu viel von Ihrem Tier. Stellen Sie zunächst nur kleine Aufgaben. Der Welpe ist kein kleiner Erwachsener. Er braucht Zeit zum Realisieren und zum Umsetzen. Gönnen Sie ihm diese Reifezeit, in der alles nur Spiel sein darf!

Und achten Sie bei allen Spielkreationen, die Sie sich ausdenken, darauf, dass sich mentale und körperliche Beanspruchung die Waage halten. Denn es muss nicht immer bloß Training für die Muskeln sein, auch Gehirnzellenjogging ist interessant und bereitet fast jedem Hund Vergnügen. Aber lehren Sie Ihren kleinen Vierbeiner – wenn er später nicht gerade als Behinderten-Begleithund arbeiten soll – keine Handlungsweisen, wie etwa eine Türklinke zu drücken, eine Schublade zu öffnen oder einen Lichtschalter zu betätigen. Denn Sie sollten nicht darauf vertrauen, dass Ihr beschäftigungssüchtiger Junghund solche Handlungen wirklich immer nur ausführt, wenn er in Ihrem Beisein die Aufforderung dazu erhält. Ist er **95**

Bewegen Sie die Reizangel (also das Spielzeug an der langen Schnur) immer weg vom Hund, so kann er dem flüchtenden Objekt nachjagen und es schließlich stellen und packen.

länger allein zu Hause, wird es ihm womöglich langweilig und er nimmt solche Aufgaben dann schon mal ohne das entsprechende Kommando in Angriff.

Damit Ihr Welpe zu generalisieren lernt, spielen Sie an allen erdenklichen Orten mit ihm. Animieren Sie ihn zu den unterschiedlichsten Tageszeiten zu einem Spielchen. So gewöhnt er sich nicht an feste Spielzeiten, sondern bleibt gespannt, weil er weiß, dass diese reizvolle gemeinsame Beschäftigung ständig auf dem Programm stehen kann. Gut einplanen sollten Sie das tägliche Spielen mit Ihrem Hund natürlich trotzdem, denn nach den Mahlzeiten dürfen keinerlei heftige körperliche Aktivitäten folgen – wie Sie ja bestimmt schon wissen.

Motivation und Spielfreude

Das Spielzeug muss leben! „Tote" Objekte üben auf einen Hund normalerweise einen viel schwächeren Reiz aus. Wesentlich mehr Anreiz bieten Objekte, die sich bewegen und Geräusche hervorrufen. Besonders fesselnd finden es die Tiere offensichtlich, wenn sich ein Spielzeug rasch von ihnen fortbewegt oder Haken schlägt und wenn es sich versteckt, um danach unvermittelt wieder aufzutauchen. All dies spricht ihre natürlichen Instinkte an und löst sofort arttypische Verhaltensweisen aus, wie Verfolgen, Festhalten und Apportieren. Vermutlich sind gerade deshalb Beutefangspiele bei Hunden aller Altersklassen so beliebt. Fiept die „Beute" (weil Sie ihr Ihre Stimme leihen!) und wehrt sie sich obendrein, macht die spielerische Beschäftigung mit ihr doppelt Spaß.

Je abwechslungsreicher Ihr gemeinsames Spiel ist, umso vielfältiger sind die Eindrücke, die es bei Ihrem Welpen hinterlässt, und umso erschöpfender und innerlich befriedigender wirkt es auf seinen Körper und seinen Geist. Und je mehr Freude das Ganze bereitet, umso motivierter wird er sein, auf Ihre Spielideen einzugehen – wie immer diese auch aussehen mögen.

> **Tipp**
> Räumen Sie Spielzeug nach Gebrauch immer weg. Hat Ihr Hund den gesamten Fundus ständig zur freien Verfügung, wird er für ihn mit jedem Tag weniger interessant. Der eine oder andere zum Spielen geeignete Gegenstand sollte dennoch stets zugänglich sein, damit er sich, falls ihn mal die Lust auf ein Solitärspiel überkommt, nicht an anderen Dingen vergreift.

Spielen Sie also nicht immer nur Bällchenholen mit Ihrem Hund! Kombinieren Sie Bewegungsspiele hin und wieder mit Denkspielen, bei denen er seinen Grips einsetzen muss und seine Sinne schärfen kann. Bieten Sie Ihrem Tier mentale Beschäftigung und körperliche Auslastung gleichzeitig. Verknüpfen Sie schnelle mit langsamen Spielelementen, geräuschvolle mit stummen. Verbinden Sie, wenn Ihr Hund dann schon etwas älter ist, Tempospiele mit abrupten Stopps oder beispielsweise Springspiele mit Geschicklichkeitsübungen. So lernt er, seine Kräfte gezielt zu steuern.

Erste Apportierübungen

Gegenstände vom Boden aufzunehmen, sie umherzutragen und mit nach Hause zu schleppen ist eine Verhaltensweise, die jedem Hund im Blut liegt. Nutzen Sie das und fördern Sie dieses Verhalten gezielt. Hat Ihr Kleiner erst einmal gelernt, einen ganz bestimmten Gegenstand nach Aufforderung zu apportieren, lassen sich zahllose Varianten erfinden, mit denen Sie ihn beschäftigen und ständig aufs Neue fordern können.

Ob Augen- oder Nasenleistung, ob Gedächtnis oder Geschicklichkeit Ihres Hundes: Mit Apportierspielen lassen sich diese Fähigkeiten hervorragend schulen. Nun stellt sich die Frage: Wann sollte man damit beginnen und wie? Die einfache Antwortet lautet: Bereits beim Welpen, und zwar folgendermaßen:

In einem möglichst schmalen kurzen Flur mit nicht allzu glattem Bodenbelag breiten Sie die Decke Ihres Welpen aus, nehmen mit ihm zusam- **97**

Ein freudiger Spurt zum Dummy, ein Satz zum Bergen der Beute und nichts wie zurück damit zu Frauchen – ein Leckerchen zum Tausch abholen.

men darauf Platz und halten ihn sanft fest. Unter jubelnden Geräuschen werfen Sie nun ein Spielzeug oder ein (Welpen-)Dummy aus oder rollen es über den Boden – zwei bis drei Meter weit genügt. Ihr Kleiner wird es kaum erwarten können, dem interessanten Objekt hinterherzulaufen. Also lassen Sie ihn. Er wird es sicher gründlich untersuchen, es vielleicht sogar zwischen die Kiefer nehmen. Sagen Sie ihm gleich, wie großartig Sie das finden, und locken Sie ihn damit zu sich auf die Decke. Eilt er herbei, loben Sie ihn herzlich und knuddeln ihn. Das Spielzeug darf er noch einen Moment behalten, bevor Sie es ihm abnehmen, um es erneut auszuwerfen. Denn er soll das Zurückkommen zu Ihnen keinesfalls damit in Verbindung bringen, dass er sein Apportel abgeben muss.

Hat er indes noch keine Lust, auf Ihre Aufforderung hin in Ihren Schoß zu kommen, weil andere Dinge momentan wichtiger für ihn sind, locken Sie ihn und machen Sie sich furchtbar interessant, etwa indem Sie sich an seiner Kuscheldecke zu schaffen machen. Kauern Sie sich nieder, damit Sie für ihn möglichst klein erscheinen, oder lehnen Sie (mit den Händen auf dem Rücken) Ihren Oberkörper so weit wie möglich nach hinten zurück. Auch das wirkt für den winzigen Vierbeiner weniger bedrohlich, als wenn Sie sich – mit ausgebreiteten Armen – auf ihn zu und nach vorn beugen. Bestimmt kommt er dann lieber herbei. Loben jetzt nicht vergessen!

Gibt es doch Schwierigkeiten mit dem Herankommen, rücken Sie mitsamt Decke etwas näher ans Ende des Flurs, um so seine Fluchtmöglichkeiten einzuschränken. Und bevor Sie das Bringsel erneut auswerfen, spielen Sie erst einmal in enger räumlicher Nähe zusammen damit, etwa ein Beutefangspiel. Das fördert seine Bringfreude mit Sicherheit.

Sollte Ihr Welpe das Spielzeug überhaupt nicht aufnehmen wollen oder auf seinem Weg zu Ihnen ausspucken, schimpfen Sie nicht. Probieren Sie das Ganze einfach noch einmal. Will es überhaupt nicht klappen, erzwingen Sie nichts. Gehen Sie lieber zusammen mit Ihrem Kleinen zum Spielzeug hin, lassen es ihn greifen (notfalls kicken Sie es mit dem Fuß leicht an, damit es wieder „lebendig" wird) und spazieren Sie anschließend gemeinsam ein bisschen durch den Gang. So lernt er, das Bringsel festzuhalten. Dabei können Sie ihn mit der Stimme loben, zum Beispiel mit „Fest, brav fest". Steuern Sie wie beiläufig die Kuscheldecke an, setzen sich hin und loben ihn dort gebührend für die erstklassige Leistung. Mit „Gib aus" nehmen Sie das Bringsel schließlich behutsam entgegen.

Tipp
Startet Ihr Welpe schon jedes Mal, wenn Sie bloß die Hand zum Wurf anheben, legen Sie das Apportel hin und wieder in aller Ruhe auf dem Boden aus, anstatt es zu werfen, und schicken ihn erst anschließend, um es zu holen. In der Zwischenzeit sollte ihn jemand festhalten, da er in diesem Alter erfahrungsgemäß noch nicht so weit ist, brav sitzen zu bleiben, während sich der geliebte Mensch von ihm entfernt. Oder Sie kehren zunächst zu ihm zurück und holen das Bringsel dann selbst. Beides wirkt sehr beruhigend auf solche Schnellstarter und macht aus ihnen schließlich doch noch perfekte Apportierer.

Spielen Sie das Apportierspiel nicht zu lange – weder aus lauter Begeisterung, weil es so gut funktioniert, noch aus Frust, weil es nicht so recht klappen mag. Nach drei bis vier Übungen ist Schluss. Richten Sie sich mit den ersten Bringübungen nach Ihrem Welpen. Ist er stets mit Feuereifer dabei, genügen wenige Apportierübungen in der Woche. Dieser kleine Vierbeiner muss eher das Warten üben als das Holen. Findet Ihr Hundekind hingegen noch wenig Gefallen an derlei Spielen, gilt es, erst einmal sein Beuteverhalten zu fördern. Ideal ist hierfür das Training mit bewegter „Beute" an einer langen Schnur.

Sollte das, was Sie sich vorgenommen haben, nicht klappen, brechen Sie die Übung nicht resigniert ab. Verändern Sie Ihre Vorgehensweise lieber derart, dass eine Teilaufgabe entsteht, die Ihr Kleiner mit Sicherheit super erledigen wird. Dafür loben Sie ihn. Nie sollte eine gemeinsame Beschäftigung ohne Bestätigung oder gar mit einer Enttäuschung für ihn enden.

In den Monaten des Zahnwechsels, vor allem während der Wochen, in denen die Schneide- und Eckzähne ausfallen, kann es vorkommen, dass der kleine Vierbeiner vom Apportieren nicht viel hält. Erzwingen Sie jetzt nichts! Schmerzen, die ein Wackelzahn beim Aufnehmen und Tragen eines Apportels verursacht, können schnell zu einer Fehlverknüpfung führen und dem jungen Hund das Apportieren für lange Zeit verleiden.

Bestätigen Sie jedes Aufnehmen, Tragen und Bringen positiv – egal, um welche Art von „Beute" es sich handelt. Was auch immer Ihr Hundekind herbeischafft: Freuen Sie sich darüber!

Bestätigen zur richtigen Zeit

Haben Sie einen Hund, der Ihnen ein Bringsel stets vor die Füße wirft, anstatt es so lange festzuhalten, bis Sie es mit den Händen entgegennehmen können? Dann achten Sie einmal darauf, wie Sie sich verhalten.

Wann loben Sie Ihr Tier? Beim Aufnehmen des Apportels. Das ist prima. Beim Herbeibringen des Apportels. Auch das ist prima. Nach dem Ausgeben des Gegenstandes. Stopp! Hier hat sich ein Fehlverhalten eingeschlichen. Warum? Weil Sie, wenn Sie Ihren Hund jetzt loben, das Ausgeben bestätigen und nicht das Festhalten. Loben Sie also nur, solange er das Bringsel noch fest im Fang hält.

Anders ist es natürlich bei einem Hund, der sein Bringsel nicht loslassen möchte. Hier heißt es nicht, das Festhalten übermäßig zu bestätigen, sondern das Loslassen. Ein solcher Hund wird überschwänglich gelobt, sobald er sein Apportel hergegeben hat.

Wasserspiele

Winterwelpen haben Pech – für sie ist es oft viel zu kalt zum Schwimmen. Alle anderen dürfen selbstverständlich so bald wie möglich auch mit Wasser Kontakt aufnehmen, denn Schwimmen ist Hunden angeboren. Nur die Perfektion der Bewegungen stellt sich erst nach und nach ein. Früh übt sich also. Doch achten Sie stets darauf, dass sich der Kleine nach dem Baden warmlaufen kann, damit er sich nicht erkältet, gleichgültig, wie warm es draußen ist, denn auch im Sommer kann er sich eine Erkältung holen.

Und üben Sie Weitsicht bei der Auswahl des Gewässers: Meiden Sie schnell fließende Bachläufe und Flüsse, stehende Seen mit Algenbewuchs sowie Gewässer mit steilem Einstieg. Achten Sie bitte auch auf Scher-

Saubere Gewässer ohne Strömung sind für die ersten Schwimmversuche des Welpen am besten geeignet. Vergessen Sie nicht, Ihre Gummistiefel mitzunehmen!

ben und Unrat am Ufer. Salzwasser sollte Ihr Vierbeiner möglichst nicht trinken. Es droht Durchfall.

Gehört Ihr Welpe wider Erwarten zu denjenigen Vierbeinern, die wie der Storch im Salat durchs Wasser staksen und sich niemals weiter wagen als bis zur Bauchlinie? Manchmal überwinden solche Hunde ihre Scheu, wenn sie zusammen mit Ihrem Menschen oder anderen Hunden schwimmen gehen dürfen oder wenn ein schwimmfähiges Dummy aus dem Wasser zu apportieren ist. Werfen Sie das Bringsel aber nicht zu weit – rund einen Meter vom Welpen entfernt genügt für den Anfang. Statten Sie es zunächst mit einer langen Schnur aus, damit Sie es wieder einholen können, falls es mit dem Bringen nicht klappen sollte. Doch meistens klappt das Apportieren auf Anhieb, denn oft bringen junge Hunde das Apportel aus dem Wasser zuverlässiger als an Land.

Achtung!
Beim Schwimmen heißt es: Halsband oder Geschirr ab, damit der Hund nicht an irgendwelchen Ästen oder anderen eventuell im Wasser oder am Ufer befindlichen Gegenständen hängen bleibt.
Auch beim Spiel mit Artgenossen sollten Hunde generell weder ein Halsband noch ein Brustgeschirr tragen. So lässt sich schweren Verletzungen vorbeugen, die entstehen, wenn sich Pfoten oder Zähne in der Halsung des Spielpartners verhaken.

Wie der Hund am besten lernt

Ein Hund lernt durch Versuch und Irrtum oder anders ausgedrückt: durch Erfolg und Misserfolg. Das heißt, er probiert verschiedene Verhaltensweisen aus, um ein bestehendes Problem zu lösen. Diejenigen Reaktionsmuster, die zum Erfolg führen, merkt er sich und setzt sie später in solchen und ähnlichen Situationen häufiger und schließlich gezielt ein. Diejenigen Verhaltensweisen, die keine positiven Auswirkungen zur Folge haben, zeigt er in entsprechenden Situationen immer seltener, am Ende überhaupt nicht mehr.

> **Info**
>
> **Grundprinzip des Lernens**
> Unerwünschtes Verhalten wird ignoriert, erwünschtes sofort mit Zuwendung belohnt, denn Zuwendung zum Beispiel in Form von Streicheln verstärkt das Verhalten. Verhalten, das unangenehme Ereignisse nach sich zieht, wie beispielsweise den Entzug von Zuwendung, wird möglichst vermieden. Das ist das Grundprinzip des Lernens – nicht nur beim Hund.
> Ganz wichtig zu wissen ist: Auch als Reglementierung gedachte Reaktionen wie Anschreien oder der strafende Klaps können vom Hund als eine Art Zuwendung empfunden werden und damit verstärkend auf seine Verhaltensweisen wirken, in diesem Fall auf sein Fehlverhalten.

Nehmen wir an, Sie haben Ihren Welpen auf den Arm genommen, um mit ihm umherzugehen. Der Kleine möchte aber jetzt nicht still verharren, sondern lieber herumtollen und das Wohnzimmer erkunden. Folglich beginnt er zu zappeln und zu fiepen, um sein Ziel zu erreichen. Wenn Sie ihn dann sofort auf den Boden setzen, damit er sich ungehemmt bewegen kann, lernt er: Zappeln und Fiepen bringt mich zum Erfolg. Er denkt sich in etwa: „Wenn meine Unruhe belohnt wird (ich bekomme etwas, was ich mag, nämlich die Möglichkeit zu erkunden), soll ich genau dieses Verhalten (fiepen, zappeln) in genau dieser Situation (mein Mensch hält mich auf dem Arm) möglichst immer zeigen." Doch genau das wollten Sie nicht.

Ignorieren Sie deshalb seine Erregung. Versuchen Sie Ihren Welpen auch nicht durch Worte zu beruhigen. Warten Sie einfach ab, bis er sich für einen Augenblick still verhält, und setzen Sie ihn dann unter Lobeshymnen hinunter. Wenn Sie mögen, stecken Sie ihm nun sofort ein Leckerchen zu.

Sich auf dem Arm des Menschen still zu verhalten, das ist jetzt die Lernbotschaft für den Kleinen. Er wird es folglich häufiger tun – nicht zuletzt deswegen, weil ihn die Aussicht auf Belohnungen, also Ihr Lob und der Leckerbissen, motiviert. Es ist bei Hunden nicht anders als bei uns: Wer motiviert ist, macht gern mit und lernt besser.

Ähnlich verhält es sich beispielsweise, wenn Ihr junger Vierbeiner unterwegs Artgenossen trifft, mit denen er spielen möchte, Sie ihn aber gerade an der Leine führen. Erst geht er brav neben Ihnen her, ohne dass Sie dem groß Beachtung schenken. In dem Moment, in dem er seine Spielkumpane erblickt, zerrt er leidenschaftlich voran, um seinen Willen durchzusetzen, und Sie reagieren prompt, indem Sie ihn losmachen. Damit belohnen Sie seine Verhaltensweise und induzieren, dass er öfter in dieser Weise reagiert.

Besser ist es, wenn Sie zum einen sein braves An-der-Leine-Gehen nicht einfach als selbstverständlich hinnehmen, sondern häufig durch Lob und Leckerchen bestärken, um es zu fördern, und zweitens, dem Hund – in oben beschriebener Situation etwa – erst dann seine Freiheiten gewähren, wenn er eine Kleinigkeit für Sie getan hat. Konzentrieren Sie Ihren Kleinen deshalb zunächst auf sich, lassen Sie ihn Blickkontakt aufnehmen, Pfötchen geben oder Ähnliches (wofür Sie ihn selbstverständlich sofort mit viel Lob und einem Leckerchen belohnen). Denn so behalten Sie die Kontrolle.

Bei der Erziehung ist es besonders wichtig, das gewünschte Verhalten des Welpen – wie hier das „Sitz" des kleinen Golden Retrievers – unmittelbar zu belohnen, damit er das Lob damit in Verbindung bringt.

Lernen durch positive Bestärkung

Anfänglich hat man sie belächelt und als wenig Erfolg versprechend abgetan. Heute gewinnt die Erziehung und Ausbildung von Hunden über die sogenannte positive Bestärkung mehr und mehr Anhänger. Bei dieser Methode bedarf es nämlich keinerlei körperlicher Einwirkungen, um einem Hund etwas beizubringen. Allein die genaue Beobachtung seiner spontan gezeigten Verhaltensweisen und die gezielten Reaktionen darauf genügen, ihm Lerninhalte zu vermitteln. Bereits beim Welpen kann man, wie oben schon beschrieben wurde, auf diese Weise mit der Erziehung beginnen und rasch dauerhafte Lernerfolge erzielen.

Wenn der Vierbeiner von sich aus bestimmte Verhaltensweisen zeigt, die man bestärken kann, ist es einfach, diese Erziehungsmethode anzuwenden. Doch was lässt sich machen, wenn er spontan nichts Vergleichbares anbietet, wenn er sich zum Beispiel nicht spontan hinsetzt, Pfötchen gibt, einen Pantoffel herbeibringt, bellt oder was auch immer. Selbst dann braucht man sich um den Lernfortschritt keine Sorgen zu machen, denn Verhalten lässt sich auch provozieren.

Ihr Hund wird gern bereit sein, Ihre Wünsche zu erfüllen, wenn er sich davon angenehme Erfahrungen verspricht. Lockmittel und die anschließenden Belohnungen sind solche Positiv-Erlebnisse, die ihm das Lernen erleichtern. Schon deshalb empfiehlt es sich, bei seiner Erziehung auf lohnende Anreize zu setzen. Für Futter oder ein kurzes Spiel sind die meisten Hunde bereit, etwas zu tun. Es gibt aber auch Tiere, denen Streicheleinheiten lieber sind. Probieren Sie einfach aus, was Ihren kleinen Schüler besonders anspornt. Findet er an verschiedenen Belohnungen Gefallen, wechseln Sie gelegentlich ab – so bleibt es für ihn spannender.

Wichtig!
Wenn zwischen der gewünschten Handlung und dem Lob oder der Belohnung mehr als zwei bis drei Sekunden liegen, kann es sein, dass der Hund gar nicht mehr richtig weiß, wofür er nun eigentlich belohnt wurde. Sobald Ihr Hund also ein Kommando richtig umgesetzt hat, loben Sie ihn sofort und geben ihm ein Leckerchen.

Das richtige Timing

Voraussetzung dafür, dass solche Belohnungen neben der allgemeinen Motivation auch ganz gezielt bestimmte Verhaltensmuster verstärken, ist die enge zeitliche Beziehung zwischen einem solchen speziellen Verhaltensmuster und der Bestärkung. Denn Hunde lernen durch Verknüpfung. Das heißt, sie setzen nur solche Dinge miteinander in Beziehung, die immer wieder kombiniert und in extrem kurzem Zeitabstand hintereinander auftreten. Erinnern Sie sich an die oben genannten zwei Sekunden? Muss man also zuerst umständlich in der Tasche nach Spielzeug oder Leckerchen kramen, hat der Hund längst vergessen, wofür er diese Belohnung eigentlich bekommt.

So einfach es ist, mit Belohnungen Verhalten zu verstärken, so schwierig ist es, tatsächlich das gewünschte Verhalten zu treffen. Gehen wir einmal davon aus, Ihr Welpe hat sich auf das Hörzeichen „Sitz" hingesetzt. Doch während Sie noch nach Ihren Belohnungshäppchen suchen, springt er wieder auf. Nun geben sie ihm ein Leckerli. Welche Erfahrung macht Ihr Hund? Er glaubt, für das Aufstehen belohnt zu werden und nicht für das Hinsetzen. Er verknüpft folglich falsch, nämlich „Sitz" mit Aufstehen.

Eine besonders zeitnahe Verhaltensbestätigung lässt sich mit akustischen Stimuli erreichen, etwa mit einem stimmlichen Lob, einem definierten Pfiff oder einem Klick-Geräusch (zum Beispiel mittels eines sogenannten Clickers), mit dem man die gewünschte Reaktion unmittelbar belohnt. Wieso ein solcher Stimulus für den Vierbeiner belohnend wirkt, fragen Sie? Ganz einfach: Er verbindet damit das Angenehme, das ihm gleich widerfahren wird, nämlich das Leckerchen.

Dieser junge Tervueren hat schon gelernt, dass er für das richtige Verhalten belohnt wird, und wartet nun gespannt.

Arbeiten mit dem Clicker

Mit dem Clicker, vergleichbar dem Knackfrosch aus Kindertagen, lässt sich eine Aktion ganz besonders exakt der Bestätigung zuordnen. Vor allem Ausbildungsschritte, bei denen feinmotorische Verhaltensweisen erwartet werden, lassen sich prima damit trainieren und perfektionieren.

Das Lernen mit dem Clicker erfolgt nach einem bestimmten Prinzip, das in folgende Lernschritte aufgegliedert ist.

1. Konditionierung auf den Clicker

Ihr Welpe hält sich dicht neben Ihnen auf, Sie klicken einmal und stecken ihm flugs ein Belohnungshäppchen zu. Diesen Vorgang wiederholen Sie so lange, bis er erkannt hat, dass dieses spezielle Geräusch stets eine Futterbelohnung für ihn verspricht. Sie erkennen den Zeitpunkt daran, dass er sein Häppchen jetzt regelrecht einfordert.

Viele Hunde, wie dieser Akita Inu, können auch mit Spielen belohnt werden. Das festigt außerdem die Bindung zu ihren Menschen.

2. Formen des Verhaltens (Shaping)

Mit Shaping wird das Bestätigen kleinster Änderungen des gewünschten Verhaltensmusters in Richtung des angestrebten Endergebnisses bezeichnet. Nehmen wir an, Sie möchten, dass Ihr Welpe ein Stöckchen, das Sie in der Hand halten, mit der Schnauze antippt. Wenn er sich bei dieser Übung auch nur ein kleines bisschen in Richtung Stöckchen bewegt, klicken Sie sofort und geben ihm rasch seinen Futterbrocken. Bei jedem Versuch, bei dem er nun etwas näher dahin gelangt, wohin Sie ihn bringen möchten, wird er wieder bestärkt. Jetzt schnuppert er bereits am Stöckchen, Sie klicken, er bekommt ein Leckerchen und so geht es weiter, bis er mit der Schnauze antippt, also das gewünschte Verhalten zeigt. Click & Treat (C/T) nennt man dieses Verfahren im angelsächsischen Sprachraum.

3. Verknüpfung mit dem Kommando

Wird die gesamte Handlungsfolge sehr häufig spontan, sicher und freudig ausgeführt, erfolgt die Verknüpfung mit dem entsprechenden Kommando. Wenn Sie die Ausführung des gewünschten Verhaltens also geradezu voraussehen können, geben Sie Ihr Sichtzeichen (später zusätzlich

Ihr Signalwort) und danach unmittelbar das Klick-Geräusch sowie die verdiente Belohnung. Wiederholen Sie auch dies ein paar Mal.

Für besonders gute Leistungen sollten Sie nicht mehrfach klicken. Erhöhen Sie stattdessen die Futtermenge, die Sie dafür austeilen.

Wie oft soll man belohnen?

Damit das Verknüpfungslernen funktioniert, muss die Belohnung nicht nur punktgenau, sondern auch regelmäßig erfolgen. Zu Beginn des Trainings sollte ein Hund deshalb ausnahmslos jedes Mal belohnt werden, wenn er die Übung richtig ausgeführt hat. Erst nach zahlreichen Wiederholungen werden die Belohnungen immer seltener gegeben. Damit seine Motivation erhalten bleibt, darf aber nicht zu schnell reduziert werden.

So belohnt man zunächst nur noch jede zweite gelungene Übung, dann jede dritte und so weiter. Schließlich erfolgen die Belohnungen in unregelmäßigen Zeitabständen, also unvorhersehbar für den Hund, zudem in wechselnder Menge – einmal gibt es also überhaupt nichts, ein anderes Mal ein einziges Bröckchen, dann wieder den Hauptgewinn, nämlich eine ganze Hand voll.

Das hält bei Laune und der Vierbeiner führt das Gelernte von Übung zu Übung zuverlässiger aus. Gänzlich unbelohnt sollte aber selbst der Profi nicht bleiben, denn Verknüpfungen können wieder schwächer werden, wenn sie nicht regelmäßig aufgefrischt, also belohnt und damit bestärkt werden.

Info

Welpen lernen besonders gern, schnell und nachhaltig,
- wenn man sie möglichst von Anfang an keine Fehler machen lässt.
- wenn man spontan gezeigtes erwünschtes Verhalten sofort belohnt und damit verstärkt (= positive Bestärkung).
- wenn man gewünschte Reaktionsweisen schon im Ansatz belohnt – so lässt sich das Verhalten formen (= Shaping), also gezielt zum endgültigen Reaktionsmuster hinleiten.
- wenn man Erfolge hervorruft, indem man geschickt mit Lockmitteln arbeitet; die vierbeinigen Schüler können so die Lösung selbst finden, das stärkt ihr Selbstvertrauen.
- wenn man auf zahlreiche Wiederholungen setzt, bevor die nächste Schwierigkeitsstufe folgt.

Signalsprache

Hunde kommunizieren hauptsächlich über Körpersprache. Da verwundert es nicht, dass sie gerade auf optische Reize besonders intensiv reagieren. Vor allem Bewegungen erregen schnell ihr Interesse. Das lässt sich für ihre Erziehung und Ausbildung nutzen, etwa durch den gezielten Einsatz von Sichtzeichen wie den erhobenen Zeigefinger für das Kommando „Sitz" oder die flach ausgestreckte Hand für das Kommando „Platz".

Um es dem vierbeinigen Schüler leichter zu machen, kann man Lockmittel einsetzen und mit diesen seine Aufmerksamkeit auf eine Bewegungsfolge richten, die dem späteren Sichtsignal sehr ähnlich ist. Indem der Welpe dieser Bewegung folgt, wird er automatisch in die gewünschte Position gelenkt. Dafür belohnt man ihn sofort und verstärkt damit sein Verhalten. Nach und nach wird dem Hund klar, dass dieses spezielle Verhalten in direkter Beziehung zu der vom Menschen ausgeführten Bewegung steht.

Die Übung „Schau" ist eine der ersten Lektionen im Welpenkurs und kann mit dem Hund wie mit diesem Kromfohrländer jederzeit und überall immer wieder geübt werden.

Die Bewegung mit dem Lockmittel kann so zum reinen Sichtzeichen werden. Da der Hund das Bewegungsmuster nun schon erwartet, wird er vermutlich keine Fehler machen und das gewünschte Verhalten auch ohne Lockmittel zeigen. Wieder wird er sofort belohnt.

Wenn nach einigen Tagen die gewünschte Reaktion allein auf Sichtzeichen sicher ausgeführt wird, kommt das Hörzeichen mit ins Spiel. Unmittelbar vor dem Zeigen des optischen Signals wird es gegeben. So lernt der Hund, auch das Hörzeichen mit der entsprechenden Reaktion zu verknüpfen. Das zunächst übertrieben deutlich ausgeführte Sichtzeichen (zum Beispiel die Handbewegung) wird allmählich schwächer, schließlich gar nicht mehr gegeben. Damit gewinnt das akustische Signal an Bedeutung und der Hund lernt, das gewünschte Verhalten allein auf das Hörzeichen hin auszuführen.

Damit die Bedeutung des optischen Signals nicht in Vergessenheit gerät, muss gelegentlich wieder ohne Hörzeichen geübt werden. Soll der Hund neben der Stimme auch andere akustische Kommandos befolgen, etwa Pfeifensignale, müssen auch diese erst separat trainiert werden. Doch nichts ist einfacher, als schon den kleinen Welpen mit einem „TÜT-TÜT" auf der Hundepfeife, dem sogenannten Doppelpfiff, zum Futternapf zu rufen (siehe auch „Herankommen" auf Seite 113 f.). Später wird er auf dieses Signal hin prompt und von überall her zu Ihnen eilen.

Schau mir in die Augen, Kleiner!

Für alle Übungen ist es wichtig, dass Ihr Welpe Blickkontakt zu Ihnen sucht und sich auf Sie konzentriert. So können Sie ihm am besten vermitteln, was Sie von Ihm möchten, und der Kleine wird erwartungsvoll auf die nächste spannende Abwechslung warten. Diese Übung gehört auch zu den ersten Lektionen im Welpenkurs.

Wie im Folgenden beschrieben erreichen Sie den Blickkontakt im Handumdrehen und Ihr Welpe lernt obendrein ein Signalwort dafür, um Sie anzuschauen:

Sie nennen Ihren Kleinen freundlich beim Namen, sodass er aufmerksam wird. Während er nun interessiert Ihr Tun beobachtet, führen Sie ein verlockend duftendes Leckerli in Richtung Ihrer Nase und halten es dort auf Augenhöhe. Er wird Sie dann mit Sicherheit anschauen. Loben Sie ihn sogleich und geben ihm den verdienten Happen.

Nach ein paar Tagen können Sie, während Sie das Futterbröckchen anheben und er mit dem Blick nachfolgt, auffordernd zu ihm sagen: „Guck!" oder „Schau!" Wieder wird er Sie unverwandt ansehen. Belohnen jetzt nicht vergessen! Mit der Zeit können Sie auf das Leckerli verzichten, später auch auf die Handbewegung. Allein Ihr Signalwort genügt dann und Ihr Hund schaut Ihnen freudig in die Augen. Dafür hat er ein herzliches Lob verdient und, wenn Sie mögen, zusätzlich einen Leckerbissen.

Wann immer Ihr Welpe sich spontan hinsetzt, loben Sie ihn. Sogar den angehobenen Zeigefinger (das Handzeichen für diese Übung) können Sie dabei gleich einsetzen.

Zwei wichtige Lektionen

Sich hinsetzen und hinlegen können schon die Allerkleinsten. Nur, wie bringt man ihnen bei, dies auch auf Kommando zu tun? Mit einem Lockmittel gelingt das sehr gut. Sie können damit schon vom ersten Tag bei Ihrem Welpen beginnen.

Sitz

Nehmen Sie einfach ein Leckerchen zwischen Daumen und Zeigefinger und rufen Sie Ihren Hund beim Namen. Schaut er Sie interessiert an, halten Sie ihm den Leckerbissen vor die Nase und bewegen Ihre Hand langsam auf seine Stirn zu. Er wird Ihrer Bewegung folgen und sich setzen. Sofort erhält er den Bissen.

Wenn Sie das mehrmals täglich üben, können Sie bald zum nächsten Schritt übergehen und das reine Sichtzeichen geben, ohne Lockmittel. Allein mit dem erhobenen Zeigefinger führen Sie Ihre Hand über den Kopf des Hundes. Setzt er sich, geben Sie ihm sofort einen winzigen Happen und schicken ihn wieder zum Spielen.

Zunächst genügt das Handzeichen, um den Hund in die Sitzposition zu dirigieren. Nach ein paar Übungen können Sie das stimmliche Signal „Sitz" hinzufügen. Sobald das Hinsetzen (sowohl auf Sicht- als auch auf Hörzeichen) ausnahmslos klappt, zögern Sie die Übergabe des Belohnungshappens etwas hinaus. So lernt Ihr junger Hund, auch für längere Zeit ruhig sitzen zu bleiben. Warten zu können ist eine ausgesprochen wichtige Tugend. Legen Sie also großen Wert auf diese Übungslektion.

Klappt das Warten, können Sie sich ein paar Schritte entfernen, während Ihr Vierbeiner sitzend verharrt. Kehren Sie in langsamem Schritt sogleich wieder zu ihm zurück und geben ihm sein verdientes Leckerchen. Auch dabei muss er noch sitzen bleiben. Erst, wenn Sie ihn freigeben, zum Beispiel mit der Aufforderung „Lauf, Lauf", darf er sich trollen.

Damit Ihr junger Hund Ihnen nicht schon nachfolgt, wenn Sie sich von ihm wegbewegen, entfernen Sie sich zunächst nur, indem Sie rückwärtsgehen und dabei sehr deutliche Sicht- und Hörzeichen geben: Der Zeigefinger bleibt erhoben, dazu kommt das Kommando „Sitz".

Beginnen Sie nicht zu früh damit, die Deutlichkeit der Signale zu reduzieren und Ihrem Hund beim Weggehen den Rücken zuzuwenden oder sogar außer Sicht zu gehen. Sollte er doch aufstehen, bringen Sie ihn kommentarlos zur Ausgangsstelle zurück und beginnen die Übung von vorn.

Platz

Sich auf Kommando hinzulegen, ist schon schwieriger für den Welpen. Beginnen Sie das Üben am besten folgendermaßen: Nehmen Sie einen kleinen Leckerbissen zwischen Daumen und Zeigefinger, möglichst weit basiswärts, damit er Ihnen nicht entgleitet. Die Handfläche zeigt dabei zum Boden. Locken Sie Ihren Hund aus der Steh- oder Sitzhaltung in die liegende Position, indem Sie Ihre Hand nun dicht an seinem Fang vorbei langsam in Richtung seiner Vorderbeine bewegen. Um dem verlockenden Duft bequemer nachfolgen zu können, wird er sich schließlich hinlegen. Jetzt darf er den Leckerbissen aus Ihrer am Boden liegenden Hand aufnehmen.

Diese Übung erfordert Geduld, denn temperamentvolle Hunde springen gern zwischendurch auf oder versuchen, das Leckerchen aus der Hand Ihres Besitzers herauszuscharren. Verzichten Sie in einem solchen Fall da-

Mit einem Leckerli, das in der flachen Hand versteckt ist, wird der Welpe in die Platzposition gelockt. Es ist die einfachste Methode, ihm schnell und sicher dieses Kommando beizubringen.

rauf, den Welpen niederzudrücken. Warten Sie ab, bis er sich von selbst hinlegt. Dann erst fassen Sie ihn an und streichen ihm sanft über den Rücken.

Hat Ihr Kleiner begriffen, worum es geht, bleibt die Hand mit dem Leckerbissen etwas länger verschlossen. So lernt er, einen Moment länger liegen zu bleiben. Bei dieser Übung bedarf es meist zahlreicher Wiederholungen, bis das Lockmittel verschwinden und zum reinen Handzeichen schließlich auch das Hörzeichen „Platz" hinzugefügt werden kann. Doch die Mühe lohnt sich. Sich auf Anweisung rasch hinzulegen, könnte für Ihren Hund einmal lebensrettend sein. Zudem sollte jeder Hund lernen,

Info

So führt Üben zum Erfolg

- Trainieren Sie nur, wenn Sie ausgeglichen sind und auch Lust dazu haben, Ihrem Tier etwas beizubringen. Die Aufmerksamkeit des Hundes allein genügt nicht, damit sich Fortschritte einstellen.
- Üben Sie mehrmals am Tag, aber immer nur ein paar Minuten lang. Das steigert die Arbeitsbegeisterung Ihres Vierbeiners und damit den Lerneffekt.
- Nehmen Sie sich stets nur kleine Übungsschritte vor, die Ihr Hund auch zusammenhängend begreifen kann. Erst wenn ein Abschnitt sicher klappt, wird der nächste in Angriff genommen, denn der Hund muss auch wirklich die Chance bekommen, korrektes Verhalten zu zeigen und dafür Lob und Belohnungen zu sammeln. Stress und Überforderung sind schlechte Lehrmeister.
- Üben Sie zuerst ohne Ablenkung (zum Beispiel in der ruhigen Wohnung), dann mit etwas mehr Umgebungsreizen (zum Beispiel wenn das Radio oder Fernsehgerät an ist). Erst wenn drinnen alles gut klappt, trainieren sie auch draußen, zunächst im Garten, dann auf dem Spaziergang. Die höchste Schwierigkeitsstufe ist das Gehorsamstraining in Anwesenheit anderer Menschen und/oder Hunde. Beginnen Sie damit nicht zu früh.
- Trainieren Sie an wechselnden Orten, denn Hunde können nur schlecht verallgemeinern. Das heißt, sie müssen erst lernen, dass ein bestimmtes Kommando unabhängig vom Umfeld (etwa Lärmpegel, Untergrund, Tageszeit) ausgeführt werden muss.
- Ob Sicht- oder Hörsignale – geben Sie Kommandos nur ein einziges Mal und setzen Sie durch, dass sie befolgt werden. Ansonsten werden Ihre Aufforderungen zum „Hintergrundrauschen" und Ihr Hund reagiert zunehmend unpräziser darauf.
- Beenden Sie das Training immer dann, wenn es gerade gut läuft – eine Wiederholung zu viel, und der Hund macht womöglich einen Fehler. Eine Übung sollte immer mit einem Erfolg und der anschließenden Belohnung enden.

auch dann gehorsam liegen zu bleiben, wenn sich sein Besitzer nicht in unmittelbarer Nähe aufhält und wenn Ablenkungen zum Aufstehen reizen. Üben kann man dies wie beim „Sitz" beschrieben.

Herankommen

Sie erinnern sich an den starken Nachfolgetrieb des Welpen? Nutzen Sie diesen von Anfang an, um Ihren Kleinen ans schnelle Herankommen zu gewöhnen. Freuen Sie sich jedes Mal riesig, wenn er aus freien Stücken zu Ihnen eilt und Ihnen überallhin nachfolgt. Machen Sie gerade dann ein paar auffordernde Bewegungen, wenn er sowieso schon auf dem Weg zu Ihnen ist. Gehen Sie in die Hocke, um ihn in die Arme zu nehmen und unter Lobesbekundungen zu empfangen.

Ein Leckerchen bekommt er jetzt natürlich auch, Sie können stattdessen aber auch mit ihm spielen. Für Ihren Welpen stellt alles eine Belohnung dar. Es bestätigt ihn in seinem Tun und ist Anreiz, sich das nächste Mal wieder so zu verhalten.

Kommt er also erneut auf Sie zugelaufen, rufen Sie dabei freundlich-auffordernd „Komm!" oder „Hier!" oder pfeifen Sie Ihr (futternapferprobtes) „TÜT-TÜT" auf der Hundepfeife. Bewegen Sie sich gleichzeitig einige Meter von Ihrem Hund weg. Falls nötig, zeigen Sie ihm das Leckerchen, das Sie für ihn bereithalten. So angelockt wird er Ihnen bestimmt eiligst hinterherspurten. Sobald er Sie erreicht hat, bekommt er die Belohnung.

> **Tipp**
> Jedes Mal, wenn es Futter gibt und Sie den Napf auf den Boden stellen, rufen Sie Ihren Welpen heran oder pfeifen Sie mit der Hundepfeife „TÜT-TÜT": Sie werden staunen, wie schnell Ihr Welpe hier positiv zu verknüpfen lernt.

Im nächsten Übungsschritt rufen Sie gezielt den Namen Ihres Hundes, um sein Interesse zu wecken. Zeigt er sich aufmerksam, fordern Sie ihn auf, zu Ihnen zu kommen. Wie gewohnt, bewegen Sie sich dabei mit lockenden Gesten ein Stückchen in die entgegengesetzte Richtung. Ist der Hund bei Ihnen angelangt, Belohnen nicht vergessen!

Reduzieren Sie allmählich die auffällige Gestik beim Weglaufen und rufen Sie schließlich nur noch das Hörzeichen. Ab und zu begeben Sie sich dabei auch außer Sicht. Bitten Sie eine vertraute Person, Ihren Hund kurz festzuhalten, damit er Ihnen nicht schon nacheilt, bevor Sie sich überhaupt verstecken konnten.

Üben Sie das Herankommen zunächst in der Wohnung, an möglichst unterschiedlichen Stellen und mit den verschiedensten Lockmitteln – mit der gefüllten Futterschüssel beispielsweise oder einem Spielzeug.

Damit Ihr Hund auch draußen immer freudig zu Ihnen kommt, wenn Sie ihn dazu auffordern, gestalten Sie auch dort das Abrufen abwechslungsreich. Einmal verstecken Sie sich, bevor Sie ihn rufen, ein an-

113

Er ist zu Ihnen gekommen. Enttäuschen Sie diesen Vertrauensbeweis Ihres Welpen nie!

deres Mal machen Sie sich suchend am Boden zu schaffen. Einmal bekommt Ihr Hund fürs Herankommen eine große Portion Belohnungshappen und darf danach wieder frei laufen, ein anderes Mal schließen Sie ein kurzes gemeinsames Spiel an oder Sie belohnen ihn mit einem besonders schmackhaften Bissen und nehmen ihn für ein paar Schritte an die Leine, bevor Sie ihn wieder freigeben. So bleibt das Herankommen spannend.

Den Welpen nicht verunsichern

Nach dem Herankommen sollten Sie weder hastig noch von oben her nach Ihrem Welpen greifen. Er könnte sich dadurch bedroht fühlen und Ihrer Hand künftig auszuweichen versuchen. Vermeiden Sie auch, sich dann über ihn zu beugen. Das verunsichert ihn. An seinen Beschwichtigungsgesten können Sie es erkennen.

Auch schimpfen dürfen Sie niemals mit ihm, wenn er zu Ihnen kommt, selbst dann nicht, wenn Sie einmal länger auf ihn warten mussten als gewohnt. Herankommen wird immer belohnt, egal, was zuvor passiert ist. Sie machen Ihrem Hund mit einem derartigen Verhalten nicht etwa klar, dass Sie es nicht in Ordnung finden, dass er sich außer Sichtweite entfernt hat, zu lange weggeblieben ist oder Ähnliches. Mit lauten Worten, bösen Blicken oder anderen Zurechtweisungen erreichen Sie lediglich, dass er von Mal zu Mal weniger gern und nicht mehr sofort herbeieilt, weil er fürchtet, dafür gemaßregelt oder bestraft zu werden.

Üben in der Gruppe

Unter Artgenossen ist die Ablenkung am größten. Hier ist es für den Hund am schwierigsten, seine Aufmerksamkeit allein seinem Menschen zu schenken. Doch erst in der Gruppe zeigt sich, wie sicher er das Gelernte tatsächlich beherrscht und wie gut er sich zum gemeinsamen Arbeiten motivieren lässt.

Zu einem (spielerischen) Erziehungstraining des jungen Vierbeiners gehört deshalb unbedingt auch das Üben in der Gruppe zusammen mit anderen Hunden und deren Besitzern – am besten unter fachkundiger Anleitung und mit nicht mehr als acht, höchstens zehn Mensch-Hund-Teams.

Bevor Sie jedoch damit beginnen, zusammen mit anderen zu trainieren (etwa im Junghundekurs, der in der Regel für Hunde ab dem 5. Monat angeboten wird), nehmen Sie sich ausreichend Zeit für den regelmäßigen privaten Einzelunterricht im ablenkungsarmen häuslichen Umfeld. Perfekt braucht Ihr Hund keineswegs zu sein, es schadet allerdings nicht, wenn ihm die Grundbegriffe der Erziehungslektionen wie „Sitz", „Platz", „Hier" und „Fuß" bereits geläufig sind.

Dem Junghundetraining folgen Begleithundkurse für Anfänger und Fortgeschrittene. Daran anschließend können Sie Apportierkurse mit Dummys belegen, ein jagdliches oder jagd-sportliches Training mit Ihrem Hund in Angriff nehmen, eine Rettungshundeausbildung anvisieren oder zum Beispiel Agility beziehungsweise Turnierhundesport mit ihm betreiben. Sollten Sie zu den weniger sportlichen Vertretern gehören, ist vielleicht Fährtenarbeit oder Obedience mit den perfekten Gehorsamsübungen für Sie und Ihren Hund geeignet.

Sie können auch an Kurzlehrgängen oder mehrmonatigen Kursen teilnehmen, die von Hundeschulen oder örtlichen Hundevereinen angeboten werden und gewissermaßen eine Just-for-fun-Beschäftigung darstellen. Sehr beliebt sind hier sogenannte Nasen- oder Schnüffelkurse, bei denen der unschlagbar gute Riecher unserer Vierbeiner so richtig zum Einsatz kommt. Ist Ihr Kleiner groß genug, riskieren Sie einfach einmal einen Blick und melden sich zu einem der zahlreichen Schnupperkurse an. Ihrem Vierbeiner wird so etwas mit Sicherheit gefallen.

Im Junghundekurs werden unter fachkundiger Anleitung die ersten Lektionen aus dem Welpenkurs gefestigt.

Auf dem Weg zum Erwachsensein

Im ersten Lebensjahr Ihres Hundes entscheidet sich seine Zukunft. Hier legen Sie den Grundstein für die gesunde Entwicklung seines Wesens und seiner Verhaltensweisen sowie für seine lebenslange Gesunderhaltung.

Dass Sie sich gerade in diesem Lebensabschnitt besonders um Ihren neuen Gefährten kümmern, ist für Sie selbstverständlich. Sein Wohlergehen ist Ihnen wichtig, ebenso, dass er Lernfortschritte macht, seine Umwelt kennenlernt und dabei möglichst viele positive Erfahrungen macht. Ihre Bindung ist eng, Ihre Beziehung basiert auf grenzenlosem Vertrauen. Ihr junger Hund liebt Sie – und Sie ihn.

Die Pubertät

Doch mit einem Mal ändert sich alles: Ihr anhänglicher Begleiter wird plötzlich ungewohnt eigensinnig, zeigt sich zuweilen regelrecht trotzig. Er geht des Öfteren seinen eigenen Interessen nach, stellt auf Durchzug und macht beim Training nur noch widerwillig mit. Kaum eine Übung will gelingen, obwohl Ihr Hund vieles davon seit Wochen beherrscht. Da erdreistet sich der schlaksige Bengel tatsächlich „Widerworte" zu geben, sodass kaum eine Erziehungsbemühung fruchtet. Er hat schlichtweg alles Erlernte und sämtliche guten Umgangsformen vergessen. War denn alles umsonst?

Sein Tatendrang ist jetzt oft maßlos: Geben Sie Ihrem pubertierenden Vierbeiner rassegerechte Aufgaben, mit denen er seinen Eifer ausleben und an denen er wachsen kann.

Auch schreckhaft reagiert er mitunter, selbst bei Vorkommnissen, denen er bislang keinerlei Aufmerksamkeit gezollt hat. Was ist bloß los mit ihm? Nun, es ist nicht anders als beim heranwachsenden Menschen: Er pubertiert.

Behalten Sie jetzt unbedingt einen kühlen Kopf! Bleiben Sie ruhig, aber verhalten Sie sich konsequent – sehr konsequent. Setzen Sie durch, was durchzusetzen nötig ist, werden Sie dabei aber niemals grob oder ausfallend. Das braucht niemand – schon gar nicht jetzt, wenn Ihr Hund aufgrund aufkommender Hormonflut einem Wechselbad der Gefühle ausgesetzt ist und mitunter selbst nicht versteht, wie ihm geschieht.

Die Sturm-und-Drang-Phase

Beim Rüden wird nun vermehrt Testosteron produziert und in den Blutkreislauf ausgeschüttet, bei der Hündin ist es Östrogen, welches dafür sorgt, dass die Sexualorgane allmählich ihre Funktion aufnehmen.

Rüden heben beim Pinkeln immer häufiger das Bein und urinieren nur noch selten wie Hündinnen im Hocken. Auch beginnen sie jetzt, auf diese Weise ihr Territorium zu markieren. Die Weibchen setzen vermehrt Harnmarken überall im Gelände ab als Zeichen, dass ihre Läufigkeit nicht mehr lange auf sich warten lässt.

Rüden werden meist etwas früher aufmüpfig als ihre weiblichen Artgenossen und versuchen nicht selten gerade in dieser Phase, die geltenden Regeln anzuzweifeln und die Rangordnung infrage zu stellen. Passt man nicht auf, können diese wenigen Monate der Nährboden für spätere Probleme im Umgang mit

Wussten Sie's?
Je nach Rasse beginnt die Pubertät mit rund einem halben Jahr, mitunter auch erst mit zwölf Monaten. Sie dauert ungefähr sechs Monate, kann aber beim Einzeltier auch etwas kürzer sein oder gegebenenfalls deutlich länger anhalten.

dem Hund sein, denn zumeist sind die Tiere nun auch besonders reizbar und neigen zu manchmal recht übertrieben anmutenden Reaktionen.

Seien Sie daher geduldig mit Ihrem Vierbeiner, der sich gerade im Gefühlschaos befindet, und üben Sie bei kleineren Vergehen Nachsicht. Verzichten Sie während dieser Monate auf ungewohnt schwierige Lektionen und möglichst auch auf gravierende Veränderungen in Ihren Alltagsroutinen. Altbekanntes und der gewohnte Tagesgang geben Ihrem Tier Halt und Sicherheit in seiner Gemütsaufruhr. Übersehen Sie hin und wieder Dinge, die momentan unwichtig sind, bleiben Sie aber bei wichtigen Dingen geradlinig entschieden und bestehen Sie unaufgeregt und bestimmt auf der Einhaltung Ihrer Regeln.

Sollte Ihr Rüde vermehrt in Rangeleien mit Geschlechtsgenossen verwickelt sein oder dazu neigen, andere Hunde zu provozieren, wehren Sie den Anfängen! Nutzen Sie den passenden Zeitpunkt, Ihrem Vierbeiner zu zeigen, was sich ziemt und was nicht. Lassen Sie nicht zu, dass er sich in **117**

Erwachsene Hunde sind meist wunderbare Lehrmeister und erkennen zielsicher, welche Charakterzüge in solch einem Dreikäsehoch schlummern – und sind mal nachgiebig, mal streng. Hier zeigt der Junghund ein typisches Beschwichtigungsverhalten.

Pöbeleien hineinsteigert. Zeigt er sich angespannt und macht er sich steif, konzentrieren Sie ihn auf sich und zeigen Sie ihm Ihre Entschlossenheit – aber bitte stets mit angemessenen Maßnahmen und mit Methoden, die der jeweiligen Situation angepasst sind.

Haben Sie Schwierigkeiten, sich Ihrem aufmüpfigen Youngster verständlich zu machen, suchen Sie rechtzeitig Rat bei einem kompetenten Ansprechpartner. Die Suche nach einer Erziehungsstrategie, die speziell auf Sie und Ihren Hund zugeschnitten ist, sollte nicht leichtfertig erfolgen. Seien Sie kritisch und bleiben Sie offen gegenüber verschiedenen Lösungsansätzen. Die Rüpelphase wird vergehen, spätestens bis zum 18. Lebensmonat haben Sie beide es hinter sich.

Vom Reif-Werden

Noch während der Flegelphase – spätestens an deren Ende beziehungsweise kurz darauf – setzt die Geschlechtsreife ein. Rüden sind nun in der Lage, erfolgreich zu decken und sich fortzupflanzen, Hündinnen werden zum ersten Mal läufig und können, sieht man sich nicht vor, Mutter werden. Zwei Läufigkeiten sollten jedoch unbedingt verstreichen, bevor man seine Hündin decken lässt. Bei früheren Trächtigkeiten sind die Tiere noch zu unausgereift, sodass es sowohl bei der Geburt als auch bei der Aufzucht der Welpen zu Problemen kommen kann, ganz abgesehen davon, dass körperliche und mentale Reifezeitpunkte deutlich auseinanderklaffen. Psychisch erwachsen und gediegen genug, um eine Kinderschar aufzuziehen, sind zu diesem Zeitpunkt die wenigsten von ihnen.

Ihre Widerristhöhe, also die endgültige Körpergröße, haben Hunde am Ende ihrer Pubertät meist schon erreicht. Danach legen sie zwar noch deutlich an Muskelmasse zu, auch ihr Schädel formt sich in den folgenden Monaten erst richtig aus. Die mentale Reife erreichen sie allerdings erst deutlich später – Rüden wie Hündinnen. Wann dies der Fall ist, hängt stark von der Rasse ab. Nicht umsonst spricht man von Früh- und Spätentwicklern, was bedeutet, dass die seelisch-geistige Entwicklung der Hunde zum belastbaren Erwachsenen unterschiedlich schnell durchlaufen wird. Bei typischen Spätentwicklern dauert es auffallend lange, bis sie das rassespezifische Erwachsenenverhalten an den Tag legen. Bei manchen Hunderassen vergehen dabei drei und mehr Jahre.

Die Läufigkeit der Hündin

Im Durchschnitt werden Hündinnen mit rund zehn Monaten erstmals läufig und damit sexuell aktiv. Es kann allerdings auch bis zu ihrem zweiten Geburtstag dauern. Die Erfahrung zeigt, dass Hündinnen, die in ein bestehendes (Hündinnen-)Rudel integriert werden, meist wesentlich später zum ersten Mal läufig werden als einzeln gehaltene Tiere. Zudem synchronisieren Hündinnen, die sich gut vertragen, fast immer ihre Läufigkeiten – nicht selten sogar auf den Tag genau.

Bis auf sehr wenige Rassen werden Hündinnen in der Regel zweimal im Jahr läufig, meist im zeitigen Frühjahr und im Herbst. Es gibt allerdings starke individuelle Abweichungen von diesem Rhythmus, sodass auch Läufigkeitsintervalle von viereinhalb Monaten bis zu 14 Monaten vorkommen, die noch in der Norm liegen. Da es einer Hündin in den Genen steckt, welche Läufigkeitsperiodik sie ausprägt, lohnt es sich, den Züchter nach denjenigen der Mutterhündin zu befragen, um später nicht überrascht zu sein, wenn die eigene Hündin nicht alles sechs Monate „zeichnet".

Wussten Sie's?
Der Sexualzyklus der Hündin gliedert sich in die vier Phasen Vorbrunst (Proöstrus), Brunst (Östrus), Rückbildungsphase (Metöstrus) und Ruhephase (Anöstrus). Die Abfolge dieser Phasen wird durch eine rhythmische Änderung des Sexualhormonspiegels im Blut des Tieres ausgelöst. Die Steuerung dieser Veränderungen übernehmen spezielle Gehirnzentren (Hypothalamus, Hypophyse) und die beiden Eierstöcke. Während des mehrmonatigen Anöstrus bleibt die Hormonkonzentration relativ konstant.

Läufigkeitsphasen
Die verschiedenen Läufigkeitsphasen sind bei der Hündin sowohl körperlich als auch aufgrund von Verhaltensveränderungen zu erkennen.

Phase	Veränderung der Geschlechtsorgane	Verhaltens-veränderung
Proöstrus 1. bis 10. Tag	Scheide schwillt an, Ausfluss setzt ein (ab 5. Tag), Ausfluss wird stark und dunkelrot (ab 7. Tag), Ausfluss wird schwächer und hellrot (ab 11. Tag)	Hündin setzt verstärkt Urin und somit Duftmarken ab, lehnt Rüden ab
Östrus 11. bis 16. Tag	stark geschwollene Scheide wird weich, Ausfluss ist schleimig, schwach und rosa gefärbt	Hündin akzeptiert Rüden, legt Rute zur Seite
Metöstrus 17. bis 22. Tag	Scheide schwillt zunehmend ab, Ausfluss klingt vollständig ab	Hündin lehnt Rüden wieder ab

Scheinschwanger?

Sehr viele Hündinnen verhalten sich einige Wochen nach Abschluss der Läufigkeit so, als ob sie erfolgreich gedeckt worden wären. Ihr Gesäuge schwillt an und es schießt Milch ein. Ihr Leibesumfang nimmt sichtlich zu. Manche Tiere zeigen sogar Nestbauverhalten und umsorgen ihre Spielsachen. Hündinnen, die diese Symptome zeigen, sind scheinträchtig.

Die Scheinträchtigkeit ist keine Krankheit. Hormonell gesehen wird jede Hündin nach einer Läufigkeit scheinträchtig, denn das schwangerschaftserhaltende Hormon Progesteron wird auch bei der nicht gedeckten Hündin nach Beendigung der Läufigkeit für kurze Zeit weiterhin gebildet.

Ob und wie man eine Scheinträchtigkeit behandelt, hängt vom Ausmaß der gezeigten Symptome ab. Reine Verhaltensänderungen bedürfen keiner Behandlung. Ist jedoch das Gesäuge so sehr geschwollen, dass es der Hündin starke Schmerzen verursacht, sollte eine lokale Behandlung mit abschwellend wirkenden Salben durchgeführt oder die Milchbildung gegebenenfalls sogar durch die Gabe von Hormonpräparaten unterdrückt werden. Auch homöopathische Mittel wie

Eine läufige Hündin ist für einen Rüden so interessant, dass er meistens seine gute Kinderstube vergisst und nichts anderes mehr im Kopf hat, als seine Auserwählte für sich zu gewinnen.

120

Küchenschelle (Pulsatilla D4) oder Kermesbeere (Phytolacca D1) können hier helfen.

Bei sehr jungen Hündinnen sind die Symptome einer Scheinträchtigkeit in der Regel deutlicher ausgeprägt als bei älteren Tieren. Zu einer überstürzten Kastration besteht daher kein Anlass, denn die Auswirkungen werden dann ohnehin mit jedem Zyklus schwächer. Dies gilt im Übrigen auch für die eigentlichen Läufigkeitszeichen: Eine sehr junge Hündin blutet meist viel stärker als eine ältere. Im hohen Alter treten oft nur noch sogenannte stille Läufigkeiten auf, bei denen kaum noch Blut aus der Vagina austritt.

Kastration – ja oder nein?

Im Trend stehen heutzutage (Vorreiter sind die USA) häufige und sehr frühzeitig durchgeführte Kastrationsoperationen. Oftmals haben die jungen Hunde noch nicht einmal ihre Pubertät erreicht, wenn ihnen Hoden oder Gebärmutter und Eierstöcke entfernt werden. Haben bestimmte Verhaltensweisen und körperliche Veränderungen, die durch Sexualhormone ausgelöst und gesteuert werden, keine Chance sich zu etablieren (weil noch keine entsprechende Hormonausschüttung stattgefunden hat), so die Begründung, fehlen sie schlicht und ergreifend und machen Hund und Halter später keine Probleme.

Zu bedenken ist allerdings, dass ein derartiger Eingriff neben den gewünschten Effekten auch erhebliche Auswirkungen auf den Gesamtorganismus des betroffenen Hundes hat, etwa auf seine Psyche, den Stoffwechsel, den Bewegungsapparat und sogar auf die Entstehung von Tumoren.

Welche Auswirkungen dies im Einzelfall sind, hängt entscheidend vom Zeitpunkt ab, zu dem die Kastration durchgeführt wurde. Je früher ein Hund kastriert wird (egal ob Rüde oder Hündin), umso weniger leidet er an kastrationsbedingtem Übergewicht, aber umso stärker ist der negative Einfluss auf seinen Bewegungsapparat. Früh kastrierte Hunde, also solche, die operiert wurden, noch bevor sie ihre endgültige Körpergröße erreicht haben, werden etwas größer als ihre später oder überhaupt nicht kastrierten Artgenossen. Der Grund ist der dadurch induzierte verzögerte Fugenschluss am Knochen, woraus der unnatürliche Hochwuchs resultiert. Früh kastrierte Hunde sind außerdem häufiger von einer Hüftgelenkdysplasie betroffen, ebenso von Kreuzbandrissen.

Eine frühzeitige Kastration bei Hündinnen senkt deutlich das Risiko für Mammatumoren (eine Kastration nach der zweiten Läufigkeit bringt diesbezüglich keine Vorteile mehr) und, wie es scheint, auch für bestimmte andere Tumoren des Genitaltraktes. Dies ist ein wirklicher Vorteil, den früh operierte Tiere gegenüber später oder nicht operierten haben. Dennoch lässt sich beispielsweise das Brustkrebsrisiko auch dadurch deutlich reduzieren, dass man seine Hündin rank und schlank hält, etwa **121**

Info

Kastration oder Sterilisation?
Oft besteht Unklarheit über die Begriffe Kastration und Sterilisation. Während man unter einer Kastration die operative Entfernung der Keimanlagen, also der Eierstöcke bzw. Hoden versteht, erfolgt bei einer Sterilisation lediglich die Unterbindung von Eileitern und Samenstrang. Das Ergebnis beider Verfahren ist gleich – die Tiere sind unfruchtbar. Da Eierstöcke und Hoden jedoch die weiblichen und männlichen Geschlechtshormone produzieren, werden Hündinnen nach einer Sterilisation auch weiterhin läufig und scheinschwanger und Rüden zeigen unverändertes Sexualverhalten. In der Regel wird bei Hunden grundsätzlich eine Kastration vorgenommen. Bei Hündinnen unterscheidet man hierbei die Entfernung der Eierstöcke (Ovarektomie, für sehr junge Hündinnen) von der Entfernung der Eierstöcke und der Gebärmutter (Ovarhysterektomie, übliche Methode), die einen langen Bauchschnitt erfordern. Erst seit Kurzem kann bei gesunden Hündinnen auch die Kastration in Form eines minimalinvasiven Eingriffs durchgeführt werden, bei der nur drei kleine Einschnitte erfolgen, die schnell abheilen. Hierbei werden die Eierstöcke und ein kleiner Teil der Gebärmutter entfernt.

durch richtige Ernährung und ausreichend Bewegung. Dicke Hündinnen sind, so wurde nachgewiesen, wesentlich häufiger von Krebserkrankungen ihres Gesäuges betroffen als normalgewichtige und schlanke. Fettleibigkeit hat auch Einfluss auf das Harnträufeln, welches vor allem bei Hündinnen großer Rassen infolge Kastration beobachtet wird. Gleichgültig, in welchem Alter sie operiert wurden, neigen sie öfter dazu.

Leider kann es als Spätfolge von Kastrationen aber auch vermehrt zu Krebserkrankungen kommen. So leiden kastrierte Rüden dreimal häufiger an einer tumorösen Entartung der Prostata als unkastrierte. Auch verschiedene andere Tumoren treten (bei beiden Geschlechtern) nach Kastration häufiger auf, etwa solche des Herzens, der Milz und der Knochen.

Sollten Sie die Kastration Ihres Hundes in Erwägung ziehen, informieren Sie sich rechtzeitig und lassen sich gründlich über die Risiken beraten. Immer ist das Abwägen eine Einzelfallentscheidung und sollte daher ganz individuell getroffen werden. Seine Hündin allein aus Bequemlichkeit heraus kastrieren zu lassen, weil man sie dann weder beaufsichtigen noch das Blut vom Fußboden wischen muss, ist abzulehnen. Auch besteht oft der Irrglaube, aggressives Verhalten durch Kastration abstellen zu können. Besonders bei Hündinnen lässt es sich dadurch sogar oft noch verstärken.

Unabhängig davon, wie Sie sich hinsichtlich des Hormonstatus Ihres jungen Hundes entscheiden: Mit dem Grundstock, den Sie bisher auf dem Gesundheits- und Verhaltenssektor gelegt haben, werden Sie auch künftig einen zuverlässigen vierbeinigen Begleiter an Ihrer Seite haben, mit dem Sie Freud und Leid teilen können.

Zum Schluss

Einen kleinen Hund bei sich aufzunehmen, ihn angemessen zu versorgen und ihn fürs Leben fit zu machen, ist keine leichte Aufgabe. Dennoch nehmen wir diese Herausforderung an, ja sehnen uns regelrecht danach, weil wir instinktiv fühlen, dass dieses so andersartige Wesen mit seiner einzigartigen Toleranz und Anpassungsfähigkeit uns gut tut und wir liebend gern tagein, tagaus mit ihm interagieren möchten.

Gerade weil Tiere, in diesem Fall Hunde, unserer Psyche und unserem Körper gut tun (aber nicht nur deswegen), sind wir verpflichtet, Sorge und Verantwortung für sie zu tragen – ein ganzes, hoffentlich langes Hundeleben lang. Mit einer Augenblickseuphorie ist es weiß Gott nicht getan, denn der kleine, drollige Tollpatsch wird schneller erwachsen, als es manchem lieb ist, und auch dann muss man ihn noch mögen und ihm allzeit gerecht werden. Hundehaltung erfordert demnach viel mehr.

Leider gibt es kein Patentrezept für den erfolgreichen Umgang mit einem Hund und auch keines für immerwährende Harmonie. Sich starr an bestimmte Vorgaben zu halten, ist bestimmt der schlechteste Weg. Weitaus besser gelingt die Beziehung mit Flexibilität und mit der Fähigkeit, eigene Ansichten – aufgrund neuester wissenschaftlicher Erkenntnisse und der Erfahrungen anderer – zu überdenken und gegebenenfalls zu ändern. Auch erfordert es ein wenig an Geschick, neu erworbenes Wissen im Alltag mit dem Hund um- und einzusetzen. Denn jedes einzelne Tier hat seine ganz eigene Persönlichkeit, seine besonderen Vorlieben und Abneigungen und seine individuellen Verhaltensweisen und Fertigkeiten.

Mit Generalisieren ist es nicht getan. Jeder, der einen Hund zu sich nimmt, muss gewillt sein, gewissermaßen in ihn hineinzufühlen, um einen wirklichen Eindruck davon zu bekommen, was er tatsächlich braucht. Diese Kunst des „direkten individuellen Verstehens" lässt sich nur durch praktische Erfahrung erlernen. Keine noch so gute Anleitung, kein noch so dickes Buch, kann Ihnen das abnehmen; nur Sie allein können diesen Zugang zu Ihrem Tier suchen und finden. Fangen Sie doch einfach gleich damit an!

Gemeinsam in eine spannende Zukunft…

123

Anhang

Literatur

Bauer, Angeline und Prümmel, René:
Der gesunde Hund. Oertel+Spörer, 2008.

Dege-Neuman, Irmgard:
Handbuch Hundepflege. Oertel+Spörer, 2009.

Koslowski, Sabine:
Schweizer Sennenhunde. Oertel+Spörer, 2009.

Lehari, Gabriele:
400 Hunderassen von A–Z. Ulmer, 2009.

Lehari, Gabriele:
Hundeverhalten – wie Hunde wirklich sind. Cadmos, 2007.

Rauth-Widmann, Brigitte:
Die Sinne des Hundes. Cadmos, 2005.

Rauth-Widmann, Brigitte:
Hundespiele. Kosmos, 2009.

Rauth-Widmann, Brigitte:
1x1 der Rohfütterung – Hunde artgerecht ernähren mit BARF. Kosmos, 2009.

Rauth-Widmann, Brigitte:
Wenn Hunde kochen könnten – Hundeleckereien selbst gemacht. Cadmos, 2005.

Rauth-Widmann, Brigitte:
Labrador Retriever. Kosmos, 2009.

Rauth-Widmann, Brigitte:
Magyar Vizsla. Kosmos, 2010.

Reichenbach, Uta und Lehari, Gabriele:
Die Hundeschule – Hunde sinnvoll beschäftigen. Müller-Rüschlikon, 2008.

Reichenbach, Uta und Lehari, Gabriele:
Der zuverlässige Begleithund. Oertel+Spörer, 2009.

Sinner, Tanja und Lehari, Gabriele:
Obedience. Oertel+Spörer, 2010.

Sykes, Barbara:
Border Collies. Oertel+Spörer, 2009.

Werner, Tina:
Wellness für Hunde. Oertel+Spörer, 2010.

Adressen

**Verband für das Deutsche
Hundewesen e.V. (VDH)**
Westfalendamm 174
D-44141 Dortmund
Telefon: +49 231/565000
Telefax: +49 231/592440
E-Mail: info@vdh.de
Internet: www.vdh.de

**Österreichischer Kynologen-
verband (ÖKV)**
Siegfried Marcus-Straße 7
A-2362 Biedermannsdorf
Telefon: +43 2236/710667
Telefax: +43 2236/710667-30
E-Mail: office@oekv.at
Internet: www.oekv.at

**Schweizerische Kynologische
Gesellschaft (SKG)**
Brunnmattstrasse 24
CH-3007 Bern
Telefon: +41 31/3066262
Telefax: +41 31/3066260
E-Mail: info@skg.ch
Internet: www.skg.ch

**Haustierzentralregister –
Tasso e.V.**
Frankfurter Straße 20
65795 Hattersheim
Telefon: 06190/937300
Telefax: 06190/937400
E-Mail: info@tasso.net
Internet: www.tasso.net

**Deutscher
Hundesportverband e.V.**
Ennertsweg 51
58675 Hemer
Telefon: 02372/555598-0
Telefax: 02372/555598-22
E-Mail: info@dhv-hundesport.de
Internet: www.dhv-hundesport de

Register

Adressen

Verband für das Deutsche Hundewesen e.V. (VDH)
Westfalendamm 174
D-44141 Dortmund
Telefon: +49 2 31 / 56 50 00
Telefax: +49 2 31 / 59 24 40
E-Mail: info@vdh.de
Internet: www.vdh.de

Österreichischer Kynologen-verband (ÖKV)
Siegfried Marcus-Straße 7
A-2362 Biedermannsdorf
Telefon: +43 22 36 / 71 06 67
Telefax: +43 22 36 / 71 06 67-30
E-Mail: office@oekv.at
Internet: www.oekv.at

Schweizerische Kynologische Gesellschaft (SKG)
Brunnmattstrasse 24
CH-3007 Bern
Telefon: +41 31 / 3 06 62 62
Telefax: +41 31 / 3 06 62 60
E-Mail: info@skg.ch
Internet: www.skg.ch

Haustierzentralregister – Tasso e.V.
Frankfurter Straße 20
65795 Hattersheim
Telefon: 0 61 90 / 93 73 00
Telefax: 0 61 90 / 93 74 00
E-Mail: info@tasso.net
Internet: www.tasso.net

Deutscher Hundesportverband e.V.
Ennertsweg 51
58675 Hemer
Telefon: 0 23 72 / 5 55 98-0
Telefax: 0 23 72 / 5 55 98-22
E-Mail: info@dhv-hundesport.de
Internet: www.dhv-hundesport de

Register

Uta Reichenbach / Gabriele Lehari

Der zuverlässige Begleithund

Von der Welpenerziehung bis zur Begleithundprüfung

144 Seiten,
14,8 x 21 cm, gebunden,
ISBN 978-3-88627-823-7

Von der Welpenerziehung bis zum erfolgreichen Ablegen der Begleithundprüfung wird ausführlich beschrieben, wie Sie mit der Erziehung im Haus beginnen, sinnvolle Übungen mit jedem Spaziergang verbinden und wie Sie Ihren Hund richtig motivieren. Ob Sie im Verein, in der Gruppe oder allein Ihren Hund zu einem alltagstauglichen Begleiter erziehen möchten – dieses Buch gibt Ihnen wertvolle Hinweise, praktische Tipps und die richtige Anleitung.

Uta Reichenbach leitet seit über fünfzehn Jahren Welpen- und Erziehungskurse und betreibt verschiedene Hundesportarten. Jedes Jahr bereitet sie Hundehalter auf die Begleithundprüfung vor.

Dr. Gabriele Lehari ist Biologin mit Schwerpunkt Verhaltensforschung. Als Sachbuchautorin hat sie zahlreiche Bücher rund um den Hund verfasst.

Tina Werner

Wellness für Hunde

Massage und Physiotherapie für jeden Tag

128 Seiten,
14,8 x 21 cm, gebunden,
ISBN 978-3-88627-824-4

Möchten Sie auch, dass es Ihrem Hund immer gut geht und er sich wohlfühlt? Dann entwickeln Sie doch für ihn ein ganz individuelles Wellnessprogramm. Egal, ob Ihr Hund altersbedingt oder aufgrund einer Erkrankung in seiner Bewegung eingeschränkt ist, ob Sie diesem vorbeugen wollen oder ob Sie einfach möchten, dass er sich noch besser fühlt – hier finden Sie die richtige Anleitung für ein Wohlfühlprogramm für Ihren Hund.

Tina Werner ist gelernte Arzthelferin aus dem Fachbereich Orthopädie und hat vor einigen Jahren die Ausbildung zur Tierphysiotherapeutin/Tierakupunkteurin abgeschlossen. Rehabilitation nach Operationen oder Verletzungen, Schmerzbehandlung sowie Massage- und Bewegungstherapie gehören zu ihrem Programm für die vierbeinigen Patienten.

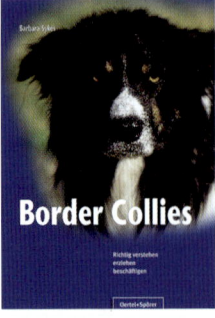